彩插 1　鸡蛋花

彩插 2　矮牵牛花

彩插 3　斯蒂芬斯大教堂的彩色玻璃窗,德国布赖萨镇

彩插4 《哈-马什》,约斯特

彩插5 《我看到金色数字5》,德默斯

彩插 6 《都是 5》,约斯特

$$17 = 2^4 + 1$$

彩插 7 《向高斯致敬》,约斯特

彩插 8　摩洛哥丹吉尔市市旗

彩插9 《五边形与五角星》，约斯特

彩插 10　"摩洛哥之星"海星化石

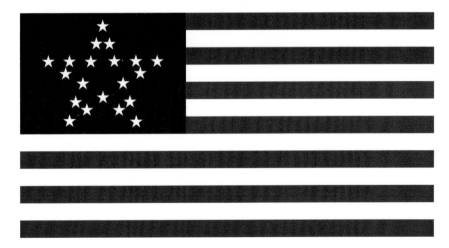

彩插 11　"大五星旗"（美国曾用国旗）

彩插 12　十五种可密铺五边形

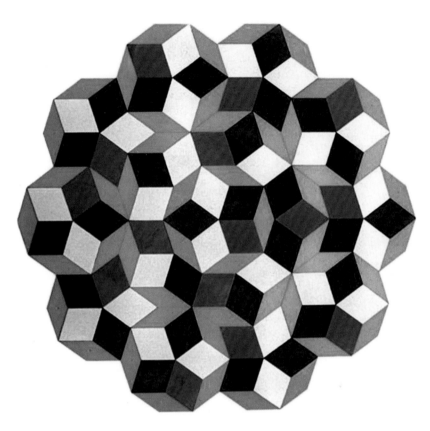

彩插 13 彭罗斯密铺,以色列雷霍沃特威茨曼科学研究院

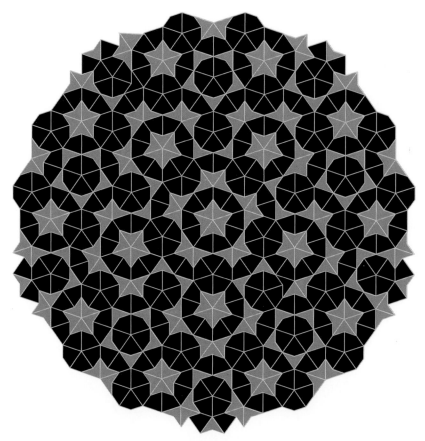

彩插 14 《"风筝"和"飞镖"》,约斯特

彩插 15　比比哈努姆清真寺的装饰性图案,乌兹别克斯坦

彩插 16　以色列邮政管理局为纪念准晶体的发现而发行的邮票

彩插 17　贾卡城堡,西班牙韦尔斯卡省

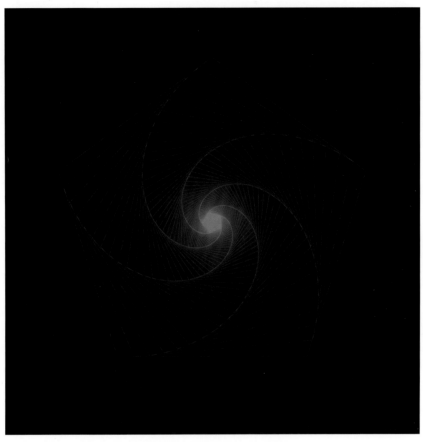

彩插 18 《黄金螺线》,约斯特

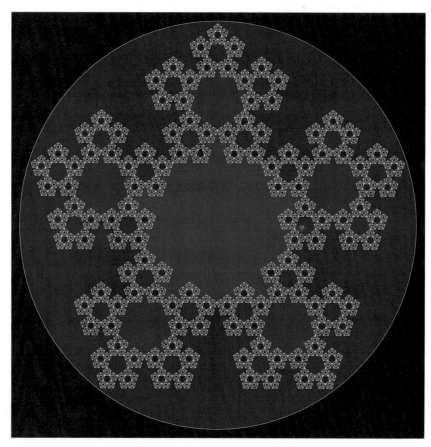

彩插 19 《五边形的分形》,约斯特

[美] 伊莱·马奥尔 著

张珍真 译

五边形与五角星

边边角角的趣事

上海科技教育出版社

图书在版编目(CIP)数据

五边形与五角星：边边角角的趣事／（美）伊莱·
马奥尔著；张珍真译. -- 上海：上海科技教育出版社，
2024. 12. --（数学桥丛书）. -- ISBN 978 - 7 - 5428
- 8326 - 1

Ⅰ. 01 - 49

中国国家版本馆 CIP 数据核字第 2024W6A365 号

责任编辑 侯慧菊
封面设计 符劼

数学桥 丛书

五边形与五角星——边边角角的趣事
[美]伊莱·马奥尔　著
张珍真　译

出版发行 上海科技教育出版社有限公司
　　　　　　（上海市闵行区号景路 159 弄 A 座 8 楼　邮政编码 201101）
网　　址 www. sste. com　www. ewen. co
经　　销 各地新华书店
印　　刷 上海颙辉印刷厂有限公司
开　　本 720×1000　1/16
印　　张 10.75
插　　页 8
版　　次 2024 年 12 月第 1 版
印　　次 2024 年 12 月第 1 次印刷
书　　号 ISBN 978 - 7 - 5428 - 8326 - 1/N·1239
图　　字 09 - 2023 - 0764 号
定　　价 50.00 元

谨以本书献给我亲爱的妻子达莉亚(Dalia),

感谢你多年以来的支持和爱。

——马奥尔(Eli Maor)

致我的孙辈:

朱利安(Julian)、瓦伦丁(Valentin)、

劳林(Laurin)、卡拉(Carla)、

伊琳娜(Elina)和拉斐尔(Rafael)

你们令我重拾青春的快乐。

——约斯特(Eugen Jost)

前言：为什么是"五角"

对于古往今来的许多数学家而言，"五角"是个散发着奇特魅力的词——我不是在说美国国防部所在的"五角大楼"，而是字面意义上的、由五条边组成的"五边形"，以及由其对角线相连而成的"五角星"。

——墨菲（Richard Murchie）[1]

1959 年 9 月 14 日，苏联的"月球 2 号"探测器坠落在月球表面的雨海盆地以东，成为首个在月球表面实现硬着陆的航天器。探测器携带了两个直径分别为 15 厘米和 9 厘米的装饰球（图 1），它们由刻有字母和苏联盾徽的五边形金属奖章拼接而成。在探测器与月球表面发生撞击时，金属球被撞碎，这些五边形的奖章就随之散落在着陆点附近，成为人类首次"地外之旅"时发送的"名片"。

五边形的历史可以追溯到大约 2500 年前。公元前 6 世纪，毕达哥拉斯学派的数学家们认为五边形有着特殊的魔力，能为人们带来好运和财富。他们把五边形的五个顶点依次连接，组成"五角星"的形状，并以此作为学派内部的问候标志[2]。时间流逝，而围绕在五角星周围的神秘色彩却并未消散。在中亚、北非等许多地区的穆斯林清真寺里，五角星和六角星的装饰随处可见（彩插 15），甚至摩洛哥的市政旗子上也有五角星（彩插 8）。

图 1　"月球 2 号"携带的装饰球

　　通常而言,我们在说"五边形"时,其实是在说"正五边形"——它的每条边、每个角都相等。正五边形的侧边向外凸出,看上去不如正方形、正六边形或者正八边形那么优美对称、赏心悦目。不过,实际并非如此。假如我们对某个图形进行旋转或翻转后,其形状保持不变,那么可以称其具有"对称元素"。正五边形有十个"对称元素",其中包括 5 次旋转(每次绕其中心旋转 72°)和 5 次翻转(其对称轴是经过一个顶点及其对边的垂线)。相比之下,正方形只有八个"对称元素"(4 个 90°的旋转,两条对角线以及两条对边中点的连线)。由此可见,看上去更对称的不一定真的更对称。随着本书的展开,我们还将进一步研究五边形和五角星的其他许多并非"显而易见"的特性。

正五边形在"对称性"上不遑多让，但在"密铺性"上毫无疑问是落败的。"密铺"是一个重要的几何特性，指用形状、大小完全相同的图形进行拼接，使彼此之间不留空隙、不重叠地铺成一片。这是因为正五边形的每个内角都是108°，而360°不是108°的整数倍。如此一来，拼接处要么留下空隙，要么出现重叠。所以，正五边形是无法实现密铺的。

可如果我们稍微放宽限制，不要求五边形的每条边、每个角都相等呢？如果一个凸五边形只用重复和翻转自身即可不重叠、无间隙地密铺满整个平面，那么几何学家就称其为"可密铺五边形"。几个世纪以来，人们已经知道一些不规则的凸五边形可以密铺平面，而对它们的系统性探索，则是现代数理统计中最激动人心的故事之一。迄今为止，人们已经找到了15种，并且信誓旦旦地表明所有可密铺五边形都已经被找到了！在本书第7章，我们将了解这些可密铺五边形的发现历程。要知道，其中有四种可密铺五边形是由一位只上了一年高中数学课的家庭主妇发现的！

不过，让我们暂且回到正五边形的话题。如果你把正五边形的五个顶点与其中心（更准确地说，是这个正五边形外接圆的圆心）相连，就会得到一个新的图形。这个图形没有专属的名称，我们姑且引用生物学名词，称之为"五重辐射"。这种五重辐射的样式在大自然中非常常见——许多花和海洋生物都由五个相似的部分组成，具有"五重辐射对称性"（彩插1、2、10）。除了自然界以外，人类世界里也不乏这样的设计：克莱斯勒的五星勋章车标曾一度遍布大街小巷，一些汽车轮毂被设计成五重辐射造型。古代的日本社会里，名门贵族们常有专属的"家徽"，这些家徽常常是具有五重辐射特性的花卉或几何造型（图2）。慢慢地，"家徽"不再是王侯贵族们的专属，而成为日本民族中广为流传并且延续至今的习俗[3]。在西方社会，中世纪城堡常常具有五重辐射造型——城堡位于中心，五角各有瞭望塔。本书第9章就会为你展示这样一座城堡，这座城堡历尽沧桑而得以完好保存至今，实属珍贵。当然，我们也不能忘了全世界最出名的那座具有五重辐射造型的"堡垒"——位于美国弗吉尼亚州阿灵顿的"五角大楼"。这座紧邻华盛顿特区的国防部办公大楼无论在造型上，还是在战略地位上，都是令人无法忽视的存在。

图2 传统日式家徽

在各种艺术作品里，我们也常常可以看到五边形的身影。图3是丢勒(Albrecht Dürer)的代表作之一《忧郁》(*Melencolia*)。这幅作品刻画了一位天使状少女苦思冥想的神态，而她身边则是一个多面体。从画面来

图 3　丢勒的《忧郁》

看,这个多面体有六个五边形(尽管是不规则五边形)面和两个三角形面。这个与众不同的多面体也因此被称为"丢勒多面体"。不过,关于这个多面体(和图中所绘的其他几个几何体)到底是什么样子的、有什么含义,目前艺术界和数学界仍有争议[4]。彩插 3 展示的彩色玻璃窗属于德国边境小镇布赖萨的斯蒂芬斯大教堂,这是一座有着五边形设计的哥特式教堂,始建于 12 世纪。在当代,达利(Salvador Dali,1904—1989)于 1955 年创作了《最后的晚餐圣礼》(*Sacrament of the Last Supper*)。这幅超现实主义作品描绘的情景似乎发生于一个十二面体内。正十二面体是五种柏拉图立体之一,由 12 个正五边形组成。关于这幅画,本书第 3 章还将进一步介绍。

1982 年,人们发现了一种全新的矿物质晶体。这种晶体具有十重辐射对称性(所以当然也具有五重辐射对称性)。在此之前,人类发现的所有晶体都是二、三、四、六重辐射对称,从来没有发现过其他对称形式。因此,当时的科学界认为这种对称形式的晶体不可能存在。这一晶体直到 10 年后才终于被承认,并为其发现者、以色列理工学院的谢赫特曼教授赢得了诺贝尔化学奖的荣誉。本书第 8 章将详细讲述发现这一晶体的故事。

当我每天早晨醒来时，第一样映入我眼帘的东西便是天花板上的五叶吊扇。我会想象这五片扇叶旋转所形成的圆，一个正五边形内接于它，而这五片扇叶所对应的五条半径即为圆心到正五边形各顶点的距离。半梦半醒之间，我会放任思绪飘荡——古希腊人是怎么只用直尺和圆规就画出正五边形的呢？据说，柏拉图（Plato，约公元前427—前347）早在公元前400年就做到了这一点。画出正五边形可比画出等边三角形、正方形或者正六边形难多了。实际上，五边形的"难"体现在方方面面：怎么画出正五边形、怎么计算它的对角线、怎么计算它的面积，等等。古希腊人想必是被难到七倒八歪，才会赋予这个图形如此多的神秘色彩吧！想要构建五边形，核心秘密在于"黄金分割比"（也称"黄金比例"）。黄金比例的数值约为1.618*，常以希腊字母 φ 表示。本书第2章、第3章将重点讲述与黄金分割相关的故事。

我们一辈子都在从事几何学相关的研究，深感几何不仅仅是数学，而且也是历史和文化的一部分。而在这之中，五边形与五角星的故事又占据着不可或缺的一席之地。本书以图文结合的方式讲述"五边形和五角星"的数学本质、历史及其在自然界和人类艺术以及建筑中的存在，希望读者们能够感兴趣。此前，我们出版了《美丽的几何》（*Beautiful Geometry*）。本书和前者一样，都只涉及了初等数学。这里所说的"初等"，大约是高中的几何、代数难度。本书的文字部分由我撰写，图片部分由约斯特绘制，包括彩色的插画和

*我国常用其倒数0.618。——译注

黑白的配图。我们诚挚地希望各位读者能够喜欢本作品。

在此，我们还要感谢以下人员在撰文和配图中过程中提供的帮助，他们是：Paul Canfield, Ron Lifshitz, Oded Lipschits, Ivars Peterson, Philip Pois-sant, Peter Raedschelders, Peter Renz, Kathy Rice, Moshe Rishpon, Doris Schattschneider, Daniel "daan" Strebe, Beth Thompson, Satomi Uffel-mann Tokutome 以及 Douglas J. Wilson。此外，我们还要感谢始终支持本书创作的普林斯顿大学出版社的工作人员，以及提供了许多宝贵建议和意见的匿名审稿人。最后，我还要感谢我的爱妻达莉亚——自始至终，她一直在我身边，陪伴我、鼓励我、支持我完成本书的创作，给予我灵感和建议。在此，我们诚挚地向以上各位致谢！

最后，关于本书的尾注，我们还有一句小小的补充：当我们在文中直接引用了已在参考书目中列出的文献时，尾注中就只简单列出标题和作者姓名；否则，就会给出完整的文献来源信息。

马奥尔

于耶路撒冷和图恩

2022 年 1 月

注释：

1. 请参见下列网址：https://the-gist.org/2016/10/why-the-pentagon-continues-to-pester-mathematicians/，2016。

2. 希思爵士（Sir Thomas Heath）认为这一传统应归功于剧作家阿里斯托芬尼（Aristophanes，约公元前446—前386）创作的喜剧《云》（*The Clouds*）。见欧几里得《几何原本》，第二卷，第99页。

3. 参见文章《日式会徽》（Kamon Symbols of Japan），网址：https://doyouknowjapan.com/symbols/ ；以及《日式会徽》，网址：https://en.wikipedia.org/wiki/mon_%28emblem%29。另请参阅参考书目中列出的 Japanese Design Motifs：4 260 Illustrations of Japanese Crests，由阿达奇（Fumie Adachi）翻译。

4. 参见文章《忧郁 I》（Melencolia I），网址：https://en.wikipedia.org/wiki/melencolia_i。

目　　录

五边形与五角星
边边角角的趣事

第1章 5

毕达哥拉斯学派认为数字"5"象征着婚姻。对他们而言，"2"是第一个偶数，象征女性；"3"是奇数，象征男性。而数字"5"则是"2"与"3"的和。

——威尔斯（David Wells），《企鹅奇趣数字词典》

（*The penguin Dictionary of Curious And Interesting Numbers*，1986 年）

即使在数字 1—10 中，数字"5"也是特立独行的存在。毫无疑问数字"1"是所有数字的基础。"2"则不仅是"1"的两倍，而且与"1"一起，成为自然循环的节律，在生活中无所不在。我们走路的步伐是"1-2-1-2"；我们的呼吸规律是"呼-吸-呼-吸"；我们的昼夜规律是"白天-黑夜-白天-黑夜"；而我们的身体几乎完全左右对称，我们的方向感基于"左右-前后"的位移。中国人用"阴阳"来象征万物都可以用"一分为二"的方法辩证看待——是非、善恶、爱憎，等等。"2"也是我们所有计算机的基础，因为计算机使用"二进制"。"2"还有一些值得注意的数学特性：$2+2=2\times2=2^2$。"2"还是第一个质数，也是唯一的一个偶数质数。"2"还作为指数或底数出现在各种数学公式中——毕达哥拉斯定理是 $a^2+b^2=c^2$，梅森数是 2^n-1，费马数是 $2^{2^n}+1$。"2"无处不在，不仅体现在数学领域，也同样体现在物理学中，例如最著名的物理学公式中就有 $E=mc^2$。

"1"生"2"，"2"生"3"。3 是 2 的后一个整数，也是 1 与 2 的和。我们在数数时常三个一数"1-2-3，1-2-3，…"；音乐和舞蹈常以"3"为节拍，从海顿、莫扎特的小步舞曲，到贝多芬、施特劳斯的圆舞曲都是如此。"3"是第一个奇数质数，也是第一个梅森数（$3 = 2^2 - 1$）和第一个费马数（$3 = 2^{2^0} + 1$）。在《圣经》里，π 被近似为 3。《列王记上》7：23 说："他又铸一个铜海，样式是圆的，……径十肘，围三十肘。"这里的"他"指所罗门王，"海"是他下令在耶路撒冷所罗门神殿外入口处建造的一个池塘。

接下来是"4"。4 是最小的合数，也是唯一能写为 $p+1$（p 为质数）形式的平方数。这是因为 $n^2 - 1 = (n+1) \cdot (n-1)$，所以只有 $n = 2$ 时，$n^2 - 1$ 才可能是质数。在十进制系统里，当且仅当一个整数的最末两位能被 4 整除时，这个数才能被 4 整除。例如，1536 的末两位是 36，可以被 4 整除，因此 1536 就能被 4 整除。相对的，1541 的末两位是 41，不能被 4 整除，所以 1541 也就不能被 4 整除。正四面体是第一个柏拉图立体，它有四个顶点、四个面，且每个面都是正三角形。"四色原理"指出，只需要四种颜色，就可以给任何平面地图上色，且能保证任何相邻两个色块颜色都不同（早在 1852 年就有人提出了这一猜想，不过这一原理直到 1977 年才被证明）。我们还认为世界是"四维"的，即由长宽高这三个空间维度和时间维度共同组成了"时空"这个四维维度。此外，还有四大方位（东南西北）、四字神名（YHWH，犹太教、基督教中上帝的尊名）等。

现在，轮到"5"。"五步一走"听上去有点尴尬，音乐里也很少有"五拍"音节。古典音乐中，由 5 个四分音符组成的音乐小节（用 5/4 表示）是很罕见的。柴可夫斯基第六交响曲《悲怆》或许是一个著名的例外（图1.1）。类似地，习惯了西方古典音乐的听众在听五声音阶的音乐时也会感到不自在。这样的五声音阶有好几种。其中一种五声音阶可以用 C、D、E、G、A、C′（C′表示比 C 高八度），其间隔分别为 1、1、1½、1、1½（其中 1 和½分别表示全音和半音）；另一种五声音阶从纯音 C 开始，沿钢琴黑键上升，其间隔分别为 1½、1、1 和 1½。亚洲和非洲地区的民族音乐里常用到五声音阶。图 1.2 就展示了一首使用五声音阶的中国民乐小调。

图 1.1 "跛行华尔兹",出自柴可夫斯基的交响曲《悲怆》

哎 嗨 哟　哎 嗨 哟　哎 嗨 哟嗨 哟　　温 和 太 阳 照大地

新 年 已 经 到　家家 幸 福 明 年 好 收 成

图 1.2　中国民歌《哎嗨哟》

"5"虽然在音乐中并不常见,但在日常生活中还是颇为常见的。这得感谢我们每只手生来就自带"5"根手指。这就像我们与生俱来的"便携式计数器",而且还是不会弄丢也不需要充电的那种。用数手指的方式计数听上去很幼稚,但实际上许多不同的文化都发展出了各自的"手指计算法",我们每个人也或多或少会在计算时用到手指(有时是真的动手指,有时则是在脑中模拟这个过程)。实际上,英文中表示数字的"digit"最早的意思就是"手指"。所以,当我们说"计算机""计算器"时,不要忘了,我们的手指就是我们自带的"计算器"。

古罗马人用字符"Ⅴ"来表示"5",用"Ⅰ、Ⅱ、Ⅲ"分别代表"1、2、3"。显然,Ⅰ、Ⅱ、Ⅲ竖起的手指,而Ⅴ则像五指展开的手掌。顺便说一句,如今的人们也开始以五个一组为单位做记录。在电影里,监狱犯人为了记下日子,会每天在墙上刻一道划痕,每五天刻成"卌"的符号。* 那么,古罗马人怎么表示 5 的倍数呢? 他们用 X 代表 10,用 L 代表 50,用 C 代表 100,用 D 代表 500,用 M 代表 1000。其他数字则以这些字母的组合方式表示,例如,Ⅳ表示 4、Ⅵ表示 6。你们注意到了吗? 较小的数值(例如Ⅰ)有时候出现在较大数值(例如Ⅴ)之前,有时候又出现在其之后,这就使得罗马数字的读写和计算变得非常困难。尽管如此,这套罗马数字系统一直沿用到中世纪时期,直到今日我们偶尔还会用到它,比如在各种建筑

---

* 我国则用五划写出"五""正"或"中"字来表示。

物的奠基石碑上刻上用罗马数字表示的日期等。在中世纪时期,印度–阿拉伯数字系统流传到了欧洲,逐渐取代了罗马数字的地位,并最终成为国际通用的数字系统。印度–阿拉伯数字系统的核心,是出现了数字"0"。

古希腊语里的数字"5"是"πεντε"(转化为拉丁字母则为"pénte"),许多与"5"相关的英文词汇都是由此而来,本书后文将涉及其中一些。古罗马语中的"5"是"quinque",同样也有许多与"5"相关的英文单词由此派生而来。例如"梅花形"(quincunx)一词表示五个物品呈梅花形排布,即一个在中间、另四个在正方形四角的排布方式。骰子上的"5点"就是按这种方式排布的。在中国,"五"字则代表数字"5"。中国传统文化认为天地万物都由金木水火土这"五行"组成。

在希伯来语中,每个数字对应着字母表中的一个字母,即: א(aleph)代表 1、ב(beith)代表 2、ג(gimmel)代表 3、ד(dalet)代表 4、ה(heih)代表 5、ו(vav)代表 6、ז(zayin)代表 7、ח(chet 或 het)代表 8、ט(teth)代表 9,而, י(yod)代表 10。对于 10 以上的数字,希伯来数字系统则使用加法来表示(注意:希伯来语和阿拉伯语都是从右往左书写的)。

יא = 10+1 = 11,יב = 10+2 = 12,יג = 10+3 = 13,יד = 10+4 = 14

不过,15 和 16 的写法又有不同:

15 = 9+6 = טו,16 = 9+7 = טז

这么做是为了避免把字母"י"和字母"ה"连在一起书写,以避讳希伯来语中耶和华神名的前两个字母,因为戒律第三条说:"你不可妄称耶和华神的名。"希腊字母表中剩下的字母,则依次代表 20,30,40,⋯100,200,300 和 400。

希伯来语里的单词"5"写作"חמש",读作"哈–马什"[1]。由这个词又衍生出"חומש"("胡–马什",代表摩西五经)、"חמישית"("哈米–希特",意思是五分之一)、"מחומש"("么胡–马什",意思是五边形)和"חמסה"("哈马什")。哈–马什是一种形似摊开的手掌的护身符,通常具有鲜艳的颜色,并以蓝色为主色调,象征神的庇护、财富和好运(彩插 4)。这个护身符样式在中东和北非地区较为常见。

公元 3 世纪的犹太法典《塔木德》(Talmud)规定:"一个人所捐赠的

财产不应超过其所有资产的 1/5。"（*Babylonian Talmud*，*ketuvot*，p. 50a）。
这一规定的初衷是为了防止捐赠者过度捐献,以至于陷入贫困,反过来沦
为受捐赠的对象。

人类历史上出现过这么多种计数系统，为什么"十进制"成了最后的赢家呢？毫无疑问，答案就在我们的手里——因为人类有十根手指！当然，十进制不一定是最好的进制系统——如果我们每只手有六根手指，那么我们或许会采用十二进制。实际上，十二进制或许比十进制更为优越。首先，12 的因数有 1、2、3、4 和 6，共 5 个；而 10 的因数只有 1、2 和 5，仅 3 个。这就意味着，"12 进制"里的除法要比"十进制"里的除法更容易计算，例如在"除以 3"时，不会出现像 0.333…这样的无限循环小数。其次，生活中的许多物品本身就是 6 的倍数，例如"一打"鸡蛋有 12 个，"一提"啤酒是 6 罐，钟表的时针走一圈是 12 小时[2]、分针走一圈是 60 分钟、秒针走一圈是 60 秒钟，等等。

在 20 世纪中叶，美国和英国的十二进制协会曾激进地发起过改革，试图用十二进制取代十进制。他们制作的"十二进制-十进制数字转化表"不仅包括整数的转化，也包括了常见的小数、分数，甚至 $\sqrt{2}$、π、和 e 等特殊数字，甚至还有以 12 为底的对数表。他们的理想很美好，而且理性地讲，十二进制也确实更优越。不过，十进制毕竟已经沿用了 500 多年，其地位早已坚不可摧。因此，这一改革毫无疑问地以失败告终。

不过，十进制也并非一无是处。因为 $2×5 = 10$，所以 $10/5 = 2$、$10/2 = 5$。所以，在进行涉及 5 的乘除法时，我们就可以以此进行快速的心算：想要计算一个数乘以 5 的积，那就只需对其先除以 2，再把小数点右移一位即可；类似地，想要计算一个数除以 5 的商，那就只需对其先乘以 2，再把小数点左移一位即可。例如：$38 × 5 = (38/2) × 10 = 19 × 10 = 190$，而 $47/5 = (47 × 2)/10 = 94/10 = 9.4$。即使如今每个人都随身带有计算器（在他们的手机里），学点心算诀窍也还是挺有用，也挺好玩的。

古巴比伦人用的计数系统非常复杂：对于 1—59 之间的整数，他们使用十进制，而对于 60 及以上的整数，则要用到"六十进制"。除了 60 本身外，60 还有 10 个因数，即：1、2、3、4、5、6、10、12、15 和 30。因此，六十进制里的除法更简单，用到分数的场景也更少。古玛雅人也使用混合进制，对于 1—19 之间的整数，他们使用"五进制"，而对于 20 及以上的数字，则要用到"二十进制"(图 1.3)。如今,我们得以一窥古玛雅人的计数系统,是因为当时西班牙殖民者留下了少量文字记录,表明古玛雅人在天文观测和日历中使用了这些进制[3]。

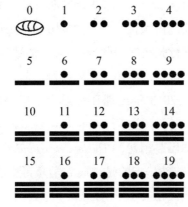

图 1.3　古玛雅人的数字 1—19(示意图)

在我们开始下一章之前，我还想补充几句。1929 年，美国著名艺术家德默斯（Charles Demuth, 1883—1935）在纽约首次展出了一幅作品，名为《我看到金色数字 5》（*I Saw the Figure 5 in Gold*）。这幅作品如今被大都会博物馆永久收藏（彩插 5）。德默斯的朋友威廉姆斯（*William Carlos Williams*）创作了一首诗《巨大的数字》（*The Great Figure*），诗中描写在雨夜里，一辆红色消防车行驶在纽约的街头，金色的数字 5 在车身上闪闪发亮。于是，德默斯根据这首诗创作了这幅绘画作品。如今，德默斯的这幅作品在美国家喻户晓，2013 年出现在邮票上。这幅画作还出现在 1992 年出版的希腊作家杜克西阿迪斯（Apostolos Doxiadis）的数学畅销小说《彼得罗斯叔叔与哥德巴赫猜想》（*Uncle Petros and Goldbach's Conjecture*）的封面上。"哥德巴赫猜想"指的是德国数学家哥德巴赫（Christian Goldbach, 1690—1764）于 1742 年提出的猜想。他在写给欧洲最著名的数学大师欧拉（Leonhard Euler, 1707—1783）的信中提出，"任何大于 2 的偶数都可以表示为两个质数的和（有时还不止一种表示方式），"例如：$4=2+2, 6=3+3, 8=3+5, 10=3+7=5+5$，等等。欧拉当时忙于思考其他问题，忽略了哥德巴赫的猜想。后来，直到哥德巴赫死后的 1783 年，人们才注意到这一看似简洁实则难以证明的猜想。即使到了现在，数学家们还无法"证明"这个猜想的真伪，尽管他们已经通过验证的方式"证明"这个猜想直到 4×10^{18} 都是正确的。啊，扯远了！让我们回到艺术话题。本书彩插 6 是约斯特创作的《都是 5》，画中描绘了许多生活中与"5"有关的场景。

数字 5 还具有一些有趣的数学特性。5 是直角三角形(边长分别为 3、4、5)的斜边。(3、4、5)这组勾股数不仅组成了最小的毕达哥拉斯三角(3 条边的边长都是整数的直角三角形),也是唯一一组由等差数列组成的互质勾股数(指没有公因数的勾股数)。另外,等差数列 5、11、17、23、29 也是最小的一组由 5 个质数组成的等差数列。

5 是第二个费马质数($5 = 2^{2^1} + 1$)。这表示,我们可以通过尺规作图的方式构建出正五边形(即借助没有刻度的直尺和圆规来作图,没有刻度的直尺和圆规被称为欧几里得工具)。这一发现要归功于高斯(Carl Friedrich Gauss,1777—1855),他在年仅 19 岁时就提出:如果正多边形的边数是 n,并且 n 是 2 的幂次与若干费马质数的乘积,那么这个正多边形可以通过尺规作图的方式获得。他所提到的费马质数是指具有 $2^{2^k} + 1$(k 是非负整数)形式的质数,这是以法国数学家费马(Pierre Fermat,1601—1665)的姓氏命名的。

古希腊人利用欧几里得工具能构建出的正多边形十分有限。他们能画出正三角形、正方形、正五边形、正十五边形以及边数是 2 的倍数的正多边形(例如正六边形、正八边形、正十二边形等)。现在,你可以想象一下,年轻气盛的高斯宣布可以画出正十七边形(17 是第 3 个费马质数,即 $17 = 2^{2^2} + 1$)时,引起了何等轩然大波!对于这个成就,高斯本人也非常得意,他甚至要求后人在他的墓碑上刻上一个正十七边形!不过,石匠并没有照做,因为正十七边形很容易被误认为一个圆(它们非常接近!),所以石匠最终刻了一枚十七角星。随着岁月的流逝,最初的那枚十七角星已然磨损,但高斯的故乡德国不伦瑞克为他建造了一座纪念碑,以纪念这位伟大的数学家。在这座纪念碑的底部,就刻有一枚亮晶晶的十七角星。(见彩插 7《向高斯致敬》,由约斯特创作。)

关于费马质数的猜想是这样的:对于任何非负整数 k,都有 $2^{2^k} + 1$ 为质数。实际上,当 $n = 0、1、2、3、4$ 时,这一猜想确实成立,其对应的质数分别是 3、5、17、257 和 65537。因此,根据高斯的理论,这些边数的正多边形都可以以尺规作图的方式绘制。理论上是这样,但在实践上,就正十七边形也已非常复杂难画了,我不建议你去尝试画正 257 边形。

在 1640 年,费马提出了上述质数猜想。最初,整个数学界对此深信不疑。不过,1732 年,欧拉计算出当 $k=5$ 时,其对应的费马数应为 $2^{2^5}+1=4\,294\,967\,297=641\times6\,700\,417$。显然,这是一个合数! 此后,数学家们又发现了更多反例。实际上,迄今为止,数学界还没有找到第 6 个正面例子。我们不知道是不是有第 6 个费马质数的存在,因此也就不知道还会不会有下一个能以尺规作图法构建的正多边形。不过,即使有的话,这个正多边形也会因为边数实在太多,而无法真正在纸面上尺规作图[4]。

高斯**充分**证明:一个正 n 边形,当 n 为费马质数或为几个不同费马质数的乘积时,能实现尺规作图。在 1837 年,万泽尔(Pierre Laurent Wantzel, 1814—1848)则证明,这也是正多边形能实现尺规作图的**必要**条件。由此,我们可以知道,正十五边形可以通过尺规作图得到,因为 $15=3\times5$,而 3、5 都是费马质数;而正七边形不能以尺规作图得到,因为 7 不是费马质数。正五十边形呢? $50=2\times5\times5$,虽然 5 是费马质数,但 5 出现了两次,所以不可以。不过,正五十一边形则可以,因为 $51=3\times17$,是两个不同费马质数的乘积。

我们再把目光投向斐波那契数列。斐波那契数列的前 2 项都是 1,从第 3 项开始,每一项是前两项的和,即:

$$1,1,2,3,5,8,13,21,34,55,89,144,\cdots$$

以递归的方式则可以表示为:

$$F_1=F_2=1,\ F_{n+2}=F_n+F_{n+1},\ n=1,2,3,\cdots \qquad (1)$$

斐波那契数列增长很快。它的第 20 项是 6765,第 30 项是 832040。这个数列以意大利数学家斐波那契(Fibonacci)的名字命名。斐波那契于公元 1175 年出生于意大利比萨的商人家庭,名叫莱昂纳多。斐波那契是他后来改的名字,意思是"波那契的儿子"。公元 1202 年,他发表了《计算之书》(*Liber Abaci*),提倡使用印度-阿拉伯数字。当时,印度-阿拉伯数字已经在东方沿用多年,但在欧洲几乎无人知晓。这本《计算之书》一经问世就引起了极大的轰动,许多商人由此改用印度-阿拉伯数字,随后,欧洲的学者们也加入其中,最终,全世界都采用了这一数字体系。在《计算之书》里,斐波那契以数学趣题的方式首次提到了这组数列:一对小兔到第二个月长成大兔子，第三个月生下一对小兔子。每对小兔子到第二个月都长成大兔子，并且到第三个月也生下一对小兔子。假设这些兔子没有死亡，且总能繁衍后代，那么，到第一年年底时，会有多少对兔子呢？这里，每个月的兔子对数就对应斐波那契数列中对应的项。毫无疑问，第12个月，兔子的对数就对应了数列中的第12项，即144对。

遗憾的是，如今人们已经淡忘了斐波那契推广印度–阿拉伯数字的丰功伟绩，只记得这个以他名字命名的数列。斐波那契数列有许多有趣的特性，甚至有一本数学杂志《斐波那契杂志》(*Fibonacci Journal*)专门刊登相关的研究成果。在本书第3章，我们还将展开讨论斐波那契数列。

柏拉图立体是由同一种正多边形构成的立体结构，因此也被称为最有规律的立体结构(图1.4)。世界上一共只有五种柏拉图立体，分别是：正四面体(由四个等边三角形组成)、正六面体(即立方体，由六个正方形组成)、正八面体(由八个等边三角形组成)、正十二面体(由十二个正五边形组成)和正二十面体(由二十个等边三角形组成)。世界上有许许多多种平面正多边形，而能够组成的柏拉图立体却只有这5种(证据见附录C)，这着实令人惊讶，也令人费解，更令人着迷。早在古希腊时期，毕达哥拉斯学派就已经会使用尺规构建这些立体形状(这并不难)。在这五种柏拉图立体中，有四种是由正三角形或正方形构成的，的确三角形和正方形也

图1.4 雕塑"五种柏拉图立体"，德国施泰因福特，巴尼澳景观公园

很容易构建。第五种柏拉图立体则是正十二面体,它由十二个正五边形组成,但想要画出正五边形并不容易,其核心是黄金分割比例,即"神圣的"比例。

注释：

1. 希伯来语中的喉音"п(het)"在英语中有两种音译：chet 和 het。

2. 全球普遍使用 24 小时制，例如下午 5：00 写为 17：00。在美国，24 小时制被称为"军事时间"，日常则使用 12 小时制，凌晨和上午以 a. m. 表示，下午和晚上以 p. m. 表示。

3. 有关古玛雅计数系统的更多信息，请参见：Georges lfran，*The Universal History of Numbers*（Hew York：John Wiley，2000），pp. 44－46，94－95，308－339；and Frank Swetz，*From Five Fin gers to Infinity*（Chicago：Open Court，1994），pp. 71－79。

4. 在 1980 年前后，首批可编程计算器问世了。我购买了一款德州仪器公司的可编程计算器 SR 56。它的商品代码中 SR 是 Slide Rule（滑尺）的缩写，滑尺是此前科学家和工程师普遍使用了长达 350 年的专业工具。这款计算器能显示十个数位。我对它编程，令其计算一个数的质因数。我输入了 4294967297，然后按下"开始"键。接下来的 28 分钟里，计算器进行了计算，然后"641"（这是两个因数中较小的那个）出现在了屏幕上，令我惊喜万分。当然，如今的计算机可以在一秒之内完成这一计算。网上也有了专门的因式分解网站，例如 https://www.dcode.fr/prime-factors-de-composition。

5. 这一公式也可延伸到 n 为负数的情形。即，$F_n = F_{n+2} - F_{n+1}$：…，$-8, 5, -3, 2, -1, 1, 0, 1, 1, 2, 3, 5, 8, \cdots$。当 $n = 0$ 时，有 $F_0 = 0$，当 n 是正整数时，有 $F_{-n} = (-1)^{n+1} F_n$。本书第 2 章和附录 B 还将进一步介绍斐波那契数列。

第 2 章　φ

几何学有两大宝藏:一是勾股定理,二是黄金分割。前者堪
比黄金,后者堪比宝玉。

——开普勒(Johannes Kepler, 1571—1630)

假设有一条长度为 1 的线段 AB,我们用点 C 将其分为 AC、BC 两段。显然,我们可以有很多分法。例如,C 可以是 AB 中点,即 AC = CB = 1/2。通过将线段一分为二的做法,我们得到了对称的两条线段。这一方法给人以平衡、稳定的感觉,也是许多人下意识的分割方法。

不过,古希腊人想到了另一种分割方法。他们提出了这样的疑问:能不能在线段 AB 上找到点 C,使得线段分为一长一短两段,且较长那段与较短那段的比例正好等于线段全长与较长那段的比例,即 AB/AC = AC/CB(假设 AC 是 AC、CB 中较长的那条线段)? 古希腊人非常在意和谐与对称之美。他们最早称这个特殊的比例为"极端和平均比例",后来又称其为"黄金分割比""神圣比例"。当然,从纯数学角度来看,这个比例并没有什么神圣之处。不过,神圣的光环至今仍笼罩着黄金分割。个中缘由,请听我细细道来。

为了便于理解,我们可以用图 2.1 来表达 AB/AC = AC/CB,即:假设线段 AB 的长度为 1,线段 AC 的长度为 x。于是,线段 CB 的长度为 1-x。

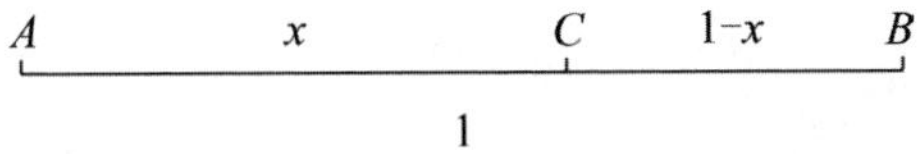

图 2.1　线段 AB 的黄金分割

那么,关于这个比例的方程可以表示为:

$$\frac{1}{x}=\frac{x}{1-x}\qquad(1)$$

等号两边同时乘以 $x\cdot(1-x)$,得到 $x^2=1-x$。移项,得:

$$x^2+x-1=0\qquad(2)$$

这是一个二元一次方程,其系数分别为 1、1 和 -1。套用二元一次方程求根公式,得:

$$x=\frac{-1\pm\sqrt{1^2-4\times1\times(-1)}}{2}=\frac{-1\pm\sqrt5}{2}\qquad(1)$$

不过,别忘了 x 是线段长度,所以不能是负的。所以,我们只保留正的结果,即:

$$x=\frac{-1+\sqrt5}{2}\qquad(3)$$

借助计算器,我们很容易得到 x 的近似值 0.618034。不过,由于 $\sqrt5$ 是无理数,是一个无限不循环小数,所以我们永远也得不到 x 的精确值。

不过,我们要求的不是 x,而是 $1/x$,即 AB/AC 的值。所以,当计算器屏幕上显示出 0.618034 时,我们要按下 $1/x$ 键,得到的结果是:1.618034。

目光犀利的读者想必已经注意到了:x 和 $1/x$ 的数值在小数点后是完全一样的。实际上,这两个值正好相差 1。这只是巧合吗?想要弄清楚这一点,我们可以对方程(1)取倒数,得到如下方程:

$$x=\frac{1-x}{x}\qquad(4)$$

显然,方程(1)和方程(4)是完全等价的,而且方程(4)还具有额外的优势:方程(4)里,负号出现在分子而不是分母中。所以,等号右边的式子可以化简如下:

$$x = \frac{1}{x} - 1 \qquad\qquad (5)$$

所以,上文说到的"巧合"根本就不是巧合,而是由黄金分割的定义而引出的"必然"!

在后续的章节中,我们要用到 $1/x$ 的准确值,而非其十进制下的近似值。我们注意到:

$$\frac{\sqrt{5}-1}{2} \times \frac{\sqrt{5}+1}{2} = \frac{(\sqrt{5})^2 - 1^2}{4} = \frac{5-1}{4} = 1,$$

因此,$\dfrac{\sqrt{5}-1}{2}$ 和 $\dfrac{\sqrt{5}+1}{2}$ 互为倒数(并且两数的差为 1),根据方程(3),所以:

$$\frac{1}{x} = \frac{\sqrt{5}+1}{2} \qquad\qquad (6)$$

这样,我们就得到了这个神圣的黄金分割 *。

黄金分割在自然、艺术、建筑、音乐等许多领域中出现。神奇的是,它们彼此看似毫无关联。哲学家和艺术史学家们很早就注意到了这一点,并且从未停止过相关的研究。不过,在讨论黄金分割的不同应用场景之前,我还想讲一下它的符号。你一定会想当然地认为,黄金分割比这么重要的东西,一定有全球公认的通用符号吧?那你错了。许多数学家使用希腊字母"φ"(phi),有时也以其大写"Φ"来表示;而另一些数学家则使用希腊字母"τ"(tau)[1]。此外,对于黄金分割比的值到底是 $\dfrac{\sqrt{5}+1}{2}$,还是其倒数 $\dfrac{\sqrt{5}-1}{2}$,也存在争议。在此,我们搁置争议,暂且认为 φ 为 $\dfrac{\sqrt{5}+1}{2}$。这样,我们就可以把方程(5)重新表述为:$1/\phi = \phi - 1$,或者:

---

* 本书使用 $1/x$ 即 $\dfrac{\sqrt{5}+1}{2}$ 为黄金分割比,而国内一般使用 x 即 $\dfrac{\sqrt{5}-1}{2}$。因此,本书中出现了"1.618 034"是黄金分割比的说法,而不是我们所习惯的"0.618 034"。——译注

$$\phi = \frac{1}{\phi} + 1 \qquad\qquad (7)$$

由方程(7)，我们又可以得到一系列有趣的结果。例如，当我们在其等号两边同时乘以 ϕ，就可以得到 $\phi^2 = 1 + \phi$；重复这一操作，可得 $\phi^3 = \phi + \phi^2 = \phi + (1 + \phi) = 1 + 2\phi$。不断重复这个操作，并且不停将 $1 + \phi$ 带入 ϕ^2，可得：

$$\phi^4 = 2 + 3\phi, \ \phi^5 = 3 + 5\phi, \ \phi^6 = 5 + 8\phi, \ \phi^7 = 8 + 13\phi, \cdots$$

我想，你一定发现其中的规律了：无论是 ϕ 的多少次幂，都可以写为一个自然数与 ϕ 的倍数的和，而其系数又恰好与斐波那契数列中对应的项一致。如果我们把斐波那契数列的第 n 项记为 F_n，那就可以得到如下公式：

$$\phi^n = F_{n-1} + F_n \phi \qquad\qquad (8)$$

而 ϕ^n、ϕ^{n+1} 和 ϕ^{n+2} 之间，还有这样的关系：

$$\phi^n + \phi^{n+1} = \phi^{n+2} \qquad\qquad (9)$$

你是否对这个公式感到似曾相识？没错，它和斐波那契数列的递推公式非常相似。而且，无论 n 是正整数还是负整数，这个公式都能成立[2]！黄金分割比与斐波那契数列之间还有更多关联，本书附录 B 罗列了其中一些例子，供各位读者参考。

古希腊人是已知最早发现黄金分割比的。他们不知道斐波那契数列,代数也不怎么好,不可能发现两者之间的关联。然而,古希腊人是当之无愧的几何大师,他们用几何学的方式来运算其中的数学关系。例如,$a+b$ 的和被解读为长度为 a 和长度为 b 的两条线段沿同一直线首尾相连所得新线段的长度,而 $a×b$ 的积则被解读为长为 a、宽为 b 的长方形的面积。因而,只需要借助直尺和圆规,古希腊人就完成了相应的计算。据说,古希腊先贤柏拉图首先提出:所有几何图形都应当使用直尺(且必须是没有刻度的直尺)和圆规来构建。后来的古希腊人遵从了"尺规作图"这一传统,并称这两种工具为"欧几里得工具"。那么,现在我们来看一下,如何利用尺规作图的方式构建黄金分割。

首先,画出长度为1(单元)的线段 AB,然后在其延长线上取 $BC=1/2$(图2.2)。过点 B 作直线 AC 的垂线,取 $BD=AB=1$,连接 CD。

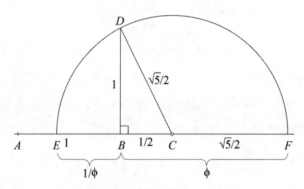

图2.2 尺规作图法构建黄金分割

根据毕达哥拉斯定理(勾股定理),有:

$$CD^2 = BC^2 + BD^2 = (1/2)^2 + 1^2 = 5/4$$

故,$CD = \sqrt{5}/2$。现在,以点 C 为圆心、CD 为半径作圆,交 AB 及其延长线于点 E 和点 F。可知:

$$CE = CF = \sqrt{5}/2$$

由此可得:

$$BF = BC + CF = 1/2 + \sqrt{5}/2 = \phi,$$

以及：

$$EB = EC - BC = \sqrt{5}/2 - 1/2 = 1/\phi.$$

因此，我们可以通过简单的尺规作图构建黄金分割。在第 4 章中，我们还会进一步通过尺规作图的方式构建正五边形[3]。

注释：

1. 美籍英裔工程师、发明家、博物学家巴尔（James Mark McGinnis Barr, 1871—1950）最早提出了以希腊字母 ϕ 代表黄金分割比。他之所以选择字母 ϕ，是为了纪念古希腊建筑师、雕刻家菲迪亚斯（Phidias，公元前 480—前 430）。据称，菲迪亚斯的作品体现了黄金分割的思想，尽管这一说法并未得到证实。公元 1597 年，德国数学家、天文学家梅斯特林（Michael Maestlin，1550—1631）致信开普勒。在信中，梅斯特林提到了 $1/\phi$ 的十进制近似值 0. 618 034 0。因此，后人认为是他第一个计算出了 $1/\phi$ 的值。

2. 方程（8）也可以扩展到 ϕ 的负数次幂，即：

$$\phi^{-1} = -1+\phi,\ \phi^{-2}=2-\phi,\ \phi^{-3}=-3+2\phi,\ \phi^{-4}=5-3\phi,\cdots$$

也可以表示为：$\phi^{-n} = (-1)^n(F_{n+1}-F_n\phi)$（$n$ 是正整数）

这个公式还可以进一步简化为斐波那契数列的递推形式，即：$F_n = F_{n+2} - F_{n+1}$，该数列为：

$$\cdots,-8,5,-3,2,-1,1,0,1,1,2,3,5,8,\cdots$$

其通项公式则可以表示为：$F_0 = 0,\ F_{-n}=(-1)^{n+1}\ F_n$，则方程（8）对于任何整数 n，都有：

$$\phi^{-n} = F_{-n-1}+F_{-n}\phi$$

3. 这里我们跳过了一些几何作图的基础步骤，例如如何在某条直线上画出与某线段等长的线段，如何通过特定的点作某直线的垂线等。本书附录 A 详细列出了这些步骤的操作细节。

花絮 1 四大无理数——$\sqrt{2}$、φ、e 和 π

　　各位读者,请猜一猜,数学中最常用的六个数是什么? 答案是:0,1,$\sqrt{2}$,φ,e 和 π(按从小到大的顺序排列)。这 6 个数都在 0—4 之间,其中 0 和 1 是整数,当然也是有理数(有理数可以写成两个整数的比,0 和 1 分别是 0/1 和 1/1);另外四个数则属于无理数——它们不能被写成两个整数的比,是无限不循环小数。不过,这 4 个无理数又分属两类:$\sqrt{2}$ 和 φ 属于"代数数",而 e 和 π 则属于"超越数"。"代数数"指"有理系数多项式的复根"或"整系数多项式的复根"。$\sqrt{2}$ 和 φ 分别是整系数多项式 $x^2-2=0$ 和 $x^2-x-1=0$ 的正数根,所以属于"代数数"。而"超越数"则指"不是代数数的数",比如,e 和 π 就不是任何整系数多项式的根,故而被归为"超越数"[1]。

　　有理数和无理数都可以表示在数轴上,而且两者的数量都是无穷多的。不过,这两个无穷多集合里的元素并不是"一样多"。德国数学家、集合论的创始人康托尔(Georg Cantor, 1845—1918)于 1874 年证明:有理数集合是可列的,即有理数集合中的元素与正整数集合中的元素一一对应,而无理数集合中的元素则没有这样的一一对应关系。这就表明,无理数的数量要远多于有理数。随后,他又进一步证明:代数数集合也是可列的,而超越数集合则不可列[2]。

有理数和无理数在计算时也表现出不同的属性：有理数的集合是"封闭集"，而无理数的集合则不是。也就是说，对两个有理数进行加、减、乘、除（除了除以 0 以外）的四则运算，其结果必然仍是有理数。事实上，对有理数进行有限次四则运算时，其结果都仍是有理数[3]。反之，对两个无理数进行四则运算，其结果则并非局限于无理数范畴：两个无理数相乘，其结果可能是有理数，也可能是无理数。例如：$\sqrt{2} \times \sqrt{2} = \sqrt{4} = 2$，其乘积是有理数；而 $\sqrt{2} \times \sqrt{3} = \sqrt{6}$，其乘积是无理数。有时候，我们甚至无法确切知道运算结果到底属于有理数还是无理数。例如，截至今日，我们都还不知道 e+π 的结果到底是"代数数"还是"超越数"。

在 $\sqrt{2}$、φ、e 和 π 这四大无理数里，有三个是由古人发现的。考古学家曾挖掘到一块公元前 1800—前 1600 年间的古巴比伦泥板，上面以楔形文字表示了 $\sqrt{2}$ 在"六十进制"下的近似值——1. 414 213，这个值已经精确到了十万分之一[4]！在几乎同一时期，古埃及人也在《莱茵德纸草书》（*Rhind Papyrus*）中记录了求圆周率的方式。他们试图把圆的面积换算成等面积的正方形，得到的结果是：直径为 1 的圆，与边长为 8/9 的正方形，两者的面积大致相当。换言之，古埃及人计算出的 π 值是 3. 160 49，这与我们今天的计算值相比，误差仅为 0.6%[5]。在公元前 6 世纪，毕达哥拉斯学派发现了黄金分割比 φ 的值，并以此构建正五边形。

无理数 e 是自然对数的底，它的发现时间较晚。公元 17 世纪，纳皮尔（John Napier）提出了对数的概念。e 的定义是：当 n 趋于无穷大时，$(1+1/n)^n$ 的极限值，这个值约为 2. 718 28（精确到小数点后 5 位）[6]。

这四大无理数都与几何密切相关。首先，$\sqrt{2}$ 是边长为 1 的正方形的对角线长度，也是该正方形内部最长的线段，在某种程度上，可以理解为这个正方形的"直径"；类似地，φ 是边长为 1 的正五边形的对角线长度。当然，最广为人知的还得是 π，它是直径为 1 的圆的周长。最后，作为自然对数的底，e 可以用 $r = e^{a\theta}$ 的形式表达为对数螺线。这四大无理数也出现在代数、概率、序列分析等其他数学领域中，在自然界和人类生活中也无处不在，我们将在本书第 3 章举例说明。

有理数和无理数为什么是"有理的"(合乎逻辑的)和"无理的"(不合逻辑的)呢？其实,这绝非巧合。毕达哥拉斯学派认为数字在自然和宇宙中无处不在。他们的格言是"数字主宰一切",大到浩瀚星辰,小到原子微粒,处处都有数字。这时毕达哥拉斯学派所说的"数字"特指正整数及其比。可是,毕达哥拉斯学派的希帕索斯(Hippasus)却发现2的平方根无法用整数的比来表示。毕达哥斯拉学派无法接受这个观点,并把希帕索斯扔进了爱琴海(传说是这样)。因为边长为1的正方形的对角线长度就是$\sqrt{2}$,所以他们认为这个无法用数字表达的长度是不合逻辑的、"无理"的。"无理数"的名字也就由此而来。

有一个数学公式将数学里最重要的几个数字联系在了一起——它用到了六大最常见数字中的四个,另外还用到了虚数 i(i 是 −1 的平方根)。这个公式被誉为"上帝创造的公式"——它就是欧拉公式:$e^{\pi i} + 1 = 0$。1640 年,法国数学家笛卡儿首先给出了它的证明。后来,瑞士数学家欧拉于 1752 年又独立地给出了证明。这一公式在复变函数、拓扑学、图论、统计学和物理学等领域都有重要应用(复变函数是指以复数作为自变量和应变量的函数,复数是具有 $x+yi$ 形式的数,其中 x、y 均为实数)。

欧拉公式也深受艺术家们的青睐。我的同事波桑特(Philip Poissant)出生于 1947 年,是位来自加拿大的工业设计师。图 S1.1 是他创作的微型雕塑作品《神迹》(Eipiphiny)。这尊雕塑将 e、π、i、0 和黄金分割比 φ 结合在一起,表达了对数学伟人欧拉的敬意。

图 S1.1 《神迹》,波桑特

注释：

1. "超越数"的名字可能会让人联想到"超出认知"，但实际上只是表示这类数"超越"了有理系数多项式方程的范畴。

2. 关于各种类型的无穷集合，可以参见：Eli Maor, *To Infinity and Beyond: A Cultural History of the Infinite*（Princeton, NJ：Princeton University Press, 2017）, chs. 9-10。

3. 注意限制条件"有限次四则运算"。因为，如果对无限个有理数进行加减，得到的结果有可能是无理数，例如格雷戈里-莱布尼茨数列：1-1/3+1/5-1/7+⋯，其结果等于 π/4，是一个无理数。

4. 参见：Maor, *The Pythagorean Theorem: A 4,000- Year History*, ch. 1。

5. 参见：Maor, *Trigonometric Delights*, p. 6。

6. 参见：Maor, *e: The Story of a Number*（Princeton, NJ：Princeton University Press, 2009），第 1 章及其他章节。

第3章 "神圣"的黄金分割

"黄金矩形"被认为是视觉上最为和谐美观的几何图形之一,从古希腊建筑到当代建筑杰作里处处可见它的身影。
——贝尔加米尼(David Bergamini),《数学,生命科学图书馆》(*Mathematics*, *Life Science Library*, 1965 年)

请看一下图 3.1 中的长方形(没错,图 3.1 就是一个长方形而已)。你是否从中感受到神圣、优雅、和谐的美呢?你所看到的这个长方形就是

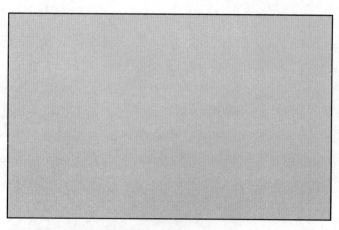

图 3.1 黄金矩形

"黄金矩形"，它的长宽比正好等于黄金分割比 φ。从古至今，这一长方形一直广受艺术界、美学界和建筑界人士的推崇，并被认为是"最具美学价值"的长方形。可是，这是为什么呢？它真的令人赏心悦目吗？还是说，这仅仅是专家们的错觉呢？

达·芬奇(Leonardo da Vinci)的画作《蒙娜丽莎》(*Mona Lisa*)或许是世界上最著名的美术作品之一了。每年都有大批观众蜂拥至法国巴黎的卢浮宫，只为能够亲眼一睹这幅作品。不过，这幅画作如今覆盖着玻璃框，观众看到更多的是玻璃的反光，而非画作中露出神秘微笑的贵妇。这幅女士肖像画中暗藏着许多"黄金矩形"（见图 3. 2），其长宽比都是

图 3.2　达·芬奇的《蒙娜丽莎》

1.618∶1。不过，这些暗藏的"黄金矩形"到底是真实存在的，还是后人的牵强附会呢？例如，图中较大的长方形的高度是从蒙娜丽莎的下巴到右手拇指，但是宽度呢？其实并不能很精确地确定。说实话，你会觉得虚线之所以画在那个位置，不过是为了凑成一个"黄金矩形"而已。那么，后人为什么要在这幅画作中凑出"黄金矩形"来呢？是为了证明达·芬奇在画这幅作品时，脑海里已经勾勒出"黄金矩形"了吗？达·芬奇有许多手稿流传至今，但其中并没有哪怕一丁点儿的证据能表明他在作画时想要表达"黄金矩形"。

好吧，你或许会说，这幅画里一定暗藏着某些比例，即使不完全等于"黄金分割"，也相差无几。不过，一旦你采用"近似"的说法，那就更难解释清楚了。比如，你也可以说 3 和 π 也颇为"近似"，毕竟两者的差异只有 4.5%。不过，后文我们会讲到 3 和 π 之间无法切割的密切关联。

我们再把目光投向雅典卫城阿克罗波利斯山巅的帕特农神庙。这座古希腊遗迹久负盛名，后人为神庙勾勒出许多参考线，以此证明古希腊人在建造神庙时已经明确知晓并应用了黄金分割原理（图 3.3）。不过，我们不妨看得更仔细一些：图中的神庙正面有不止一处地方可以画水平参

图 3.3　帕特农神庙

考线。如果稍稍改变一下参考线的位置，那么对应的长宽比也会改变。当然，这一比例仍然接近φ，但不相等。另一些人就更夸张了，他们画出的参考线甚至并不与建筑的某个部分对应（图3.3中左边的小长方形就是如此）。不管怎么说，帕特农神庙的建造者并没有留下什么施工图纸（即使真有的话也尚未发现），所以关于这一历史瑰宝的美学探讨全部都是后人加诸其身的推测，并没有什么确凿的实证。不过，黄金分割理论的忠实信徒可不理会这一点，他们总能"发现"新的证据来"证明"他们的观点。这种"自己证明自己"的做法就这样把黄金分割捧上了神坛。

到了近现代，一些艺术家刻意按黄金分割比例进行创作，其中最负盛名的恐怕要数达利的《最后的晚餐圣礼》。这幅作品创作于1955年，当时正处于第二次世界大战后的战后重建时期，达利在这一时期的创作深受科学、宗教的影响。1948年，他遇到了一位出生于罗马尼亚的博学大师吉卡（Matila Costiescu Ghyka，1881—1965）。吉卡拥有皇室血统，他既是海军军官，也是数学家、历史学家、哲学家、外交官和小说家。1946年，吉卡出版了《艺术与生活的几何》（*The Geometry of Art and Life*）。这本书篇幅不长，却包含了许多旨在凸显黄金分割重要性的照片和手稿。这些"证据"涵盖了艺术、建筑、自然、解剖等许多领域，影响了艺术领域和自然学界的许多生力军。在这一风潮的影响下，达利创作了巨幅作品《最后的晚餐圣礼》（图3.4）。在这幅作品里，黄金分割有多处体现。首先，"最后的

图3.4　达利的《最后的晚餐圣礼》

晚餐"发生的场景是在一个正十二面体内部，这"十二个面"也许不仅象征着耶稣的十二位忠实信徒（虽然图中仅显示了其中四位），而且无疑提示我们正十二面体的构建是基于黄金分割的。其次，达利的这幅作品的尺寸是 166.7 厘米×267 厘米，长宽比为 1.6017，比 1.6180 仅少了 1%。

更有甚者，有人把音乐作品与黄金分割联系在一起。伦德沃伊（Ernö Lendvai）曾撰写了一篇关于"巴托克音乐作品中的二元性与同一性"的长文。这篇文章在对巴托克（Béla Bartok）《双钢琴打击乐奏鸣曲》（*Sonata for two Piano and Percussion*）进行了深入分析后指出，这首旋律的音符和节奏中隐藏着斐波那契数列和黄金分割比[1]。这样的关系也许真的存在，但也未必。无论如何，我们要在心中切记：黄金分割源自空间——视觉感知，而音乐属于听觉感受的范畴，两者之间有很大差异。

针对黄金分割的狂热粉丝，我还想再举两个例子。你有没有测量过信用卡的尺寸呢？如果你没有量过，那让我来告诉你吧：它的长度是 85.60 毫米，宽度是 53.98 毫米，长宽比为 1.586（精确到小数点后三位）。这个长宽比例与黄金分割比的差异仅为 1.57%。这是有意为之的吗？我想，答案大约是否定的。

如果你和我一样使用国际单位米，那么你想必知道英里和公里（千米）之间的换算公式：1 英里 = 1.60934 千米。啊哈！又是黄金分割！……额，好吧，差不多算是吧……[2]

关于黄金分割的最早记录可以追溯到古希腊时期的《几何原本》(*El-ements*)。这本书成书于公元前 300 年前后,欧几里得(Euclid)在古希腊亚历山大城完成了该书的编撰。《几何原本》可以说是古希腊时期几何和数论的汇编。全书共分为 13 卷,从最基本的概念(例如点、线的概念)开始,随后按照逻辑顺序,由浅入深逐渐展开。全书共包含十条公理(称为"公设")和许多定义,以及由此引出的 465 条定理("命题")及其证明("演示")。《几何原本》采用的"定义—公理—定理—证明"的模式也成为此后的数学家们代代遵循的准则。

《几何原本》第六卷命题 30 是"将特定长度的线段分割为极端和平均比例 3"。随后欧几里得给出了构建这种"平均"的方式。后来,他在第十三卷中又一次用到这一构建方式,并由此构建出正十二面体。欧几里得并没有给出这一平均值,而是用纯几何学的方式给出了操作方法。当然,这个操作方法并没有什么"神圣"之处,此时的黄金分割也并没有被赋予神圣的寓意。转变发生在很久很久以后——准确来说是在 1509 年——一位名叫帕西奥利(Luca Pacioli,约 1445—1517[4])的奥地利方济会修士兼数学家出版了一本几何著作《神圣的比例》(*De divina Proportione*),他在书中指出黄金分割具有神圣的属性,是上帝的化身。当然,这或许更多是出于 φ 的无理数身份,而非其可能的美学象征意义。这位帕西奥利先生还有一位朋友,就是后来大名鼎鼎的达·芬奇。达·芬奇不仅向帕西奥利学习数学,还为这本《神圣的比例》绘制了柏拉图立体作为插画(见内封前页)。

实际上,直到 19 世纪,黄金分割才随着美学运动的兴起而被赋予美学意义。1835 年,德国数学家马丁·欧姆(Martin Ohm,1792—1872)——著名物理学家乔治·欧姆(Georg Ohm)的弟弟在撰写、出版的《初等数学》(*Die reine Elementar-Mathematik*)一书中,首次使用 φ 称呼黄金分割比,这也是已知最早使用"黄金"称呼比例的记载,黄金分割的名称由此一直沿用至今[5]。

我是一名数学家。在我的眼中,黄金分割确实有三个"神圣"之处。然而,这些神圣之处与美没有任何关联。在这三个神圣之处中,第一个是ϕ出现在两个简洁优美的数学公式中,我们可以从中感受到数学之美。来看公式:$\phi = 1/\phi + 1$。对其等式两边分别乘以ϕ,可得:

$$\phi^2 = 1 + \phi \tag{1}$$

　　两边同时开根号,可得:

$$\phi = \sqrt{1+\phi} \tag{2}$$

　　一般而言,我们总是把已知数和未知数分别放在等号两边,所以我们通常不会对方程进行这样的操作。不过,接下来我们要做的操作就更不寻常了。我们把等号左边的ϕ代入等号右边,得到:$\phi = \sqrt{1+\sqrt{1+\phi}}$。多次重复这一操作,把$\phi$反复代入这个公式,我们会得到:

$$\phi = \sqrt{1+\sqrt{1+\sqrt{1+\cdots+1+\sqrt{1+\phi}}}}$$

　　无限次重复这一操作后,ϕ被不断推向更深处的根号里。这时,我们就得到了一个非常有趣的极限表达式:

$$\phi = \sqrt{1+\sqrt{1+\sqrt{1+\cdots}}} \tag{3}$$

　　等一下,我们怎么知道这组无限嵌套的平方根是收敛的,并且恰好收敛于ϕ呢? 我们不能简单地认定最里面的开方根会直接消失。这个棘手的问题令试图把"无限"当作一个普通的数来处理的17、18世纪的数学家们头疼不已。这里,我们用图解函数的方式来证明这一公式(图3.5):在平面直角坐标系下,作直线$y=x$(经过原点且与x、y轴夹角均为45°的直线)和抛物线$y=\sqrt{1+x}$(开口向右,顶点坐标为$x=-1$,$y=0$的半条抛物线)。过点$(1,0)$作x轴的垂线,交抛物线$y=\sqrt{1+x}$于$(1,\sqrt{2})$。过$(1,\sqrt{2})$作x轴的平行线,交$y=x$于$(\sqrt{2},\sqrt{2})$。再过$(\sqrt{2},\sqrt{2})$作x轴的垂线,交抛物线于$(\sqrt{2},\sqrt{1+\sqrt{2}})$。不断重复这一"画楼梯"的过程后,我们就无限逼近直线和抛物线的交点。此时,有$x=\sqrt{1+x}$,或$x^2=1+x$。我们可以将这一方程改写为$x^2-x-1=0$,并根据二元一次方程的求根公式

求得 $x=\dfrac{1+\sqrt{5}}{2}$，即黄金比例（我们舍弃了负数解 $\dfrac{1-\sqrt{5}}{2}$，因为它不在这半条抛物线上）。通过这个过程，我们也可以发现这一级数的收敛速度非常快。

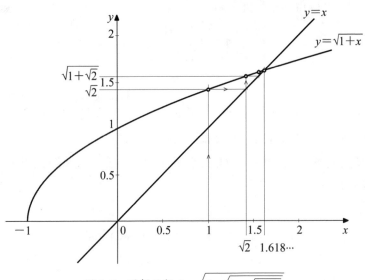

图 3.5　图解函数 $\phi=\sqrt{1+\sqrt{1+\sqrt{1+\cdots}}}$

完全由数字 1 组成的表达式 $\sqrt{1+\sqrt{1+\sqrt{1+\cdots}}}$，竟然收敛于 $\dfrac{1+\sqrt{5}}{2}$（ $\approx$ 1.618），这一点着实令人惊讶。如果你仍然半信半疑，那不妨用计算器试着算出前几级的值（我们姑且用 n 代表这个式子里嵌套了多少个根号，并把结果记为 ϕ_n。这时，我们可以得到这样的递推公式：$\phi_0=0$，$\phi_{n+1}=\sqrt{1+\phi_n}$，$n=0,1,2,3,\cdots$

接下来，我们可以求得：

$$\phi_1=\sqrt{1}=1,\ \phi_2=\sqrt{1+\sqrt{1}}=\sqrt{2}=1.414$$

$$\phi_3=\sqrt{1+\sqrt{2}}=1.554,\cdots$$

以上数字都只保留了小数点后三位。再经过六次迭代，我们就可以得到精确到小数点后三位的 ϕ 值。当然，你也可以用可编程计算器来实现自动计算。

接下来我们来谈第二个"神圣"之处。我们仍然从方程 $\phi=1/\phi+1$ 入手。我们把等号左边的 ϕ 代入等号右边，可得：$\phi=1+\dfrac{1}{1+1/\phi}$。不断重复这一过程，可以得到一个连分数：

$$\phi=1+\cfrac{1}{1+\cfrac{1}{1+\cfrac{1}{1+\cdots}}} \tag{4}$$

方程（4）和前面的方程（3）一样简洁。而且，这些无穷无尽的"分之一"背后同样隐藏着惊喜。和之前一样，我们可以把这个方程改写为递推公式：$\phi_{n+1}=1+1/\phi_n$，其中 n 代表有多少个"分之一"。这样，我们就得到了：

$$\phi_1=1,\phi_2=1+1/1=2,\phi_3=1+1/2=3/2=1.5$$

$$\phi_4=1+1/(3/2)=1+2/3=5/3=1.666\cdots$$

$$\phi_5=1+1/(5/3)=1+3/5=8/5=1.6$$

$$\phi_6=1+1/(8/5)=1+5/8=13/8=1.625$$

以此类推。

这组数字看上去是不是似曾相识？没错，它们是斐波那契数列的后一项与前一项的比值！继续迭代4次，我们可以得到这样的分数：

$$21/13=1.615,\ 34/21=1.619,\ \ \ 55/34=1.618$$

$$89/55=1.618$$

以上结果都精确到小数点后三位。我们看到，在9次迭代后，这一比值固定在1.618，即黄金分割比。请注意，这组分数是上下交替地逼近极值的，这一点与前述嵌套分数始终小于极值不同。此外，方程（4）给出的所有近似值都是有理数，而方程（3）给出的近似值除第1个外，其余都是无理数。这体现了数学的一个有趣特点：有理数的无限序列可以收敛为无理数[6]。

方程（3）和（4）除了形式上共同的简洁优美以外，还把两个完全不同的数学分支中的概念联系到了一起：完全属于算数领域的斐波那契数列和源于几何学的黄金分割比。正是这样的联系，令"神圣比例"的称谓实至名归。

　　我不知道是谁发现了方程（3）和（4），但有一个人确实功不可没：德国数学家雅各布（Simon Jacob，约 1510—1564）。他在 1560 年撰写了一本关于计算的书。尽管后人对他的生平知之甚少，但他似乎是第一位注意到斐波那契数列中，随着项数的增加，后一项与前一项的比值逐渐逼近黄金分割比的人（证明见附录 B）。这一发现还常常被归功于开普勒。开普勒不仅是现代天文学之父，也是数学家兼博物学家（他甚至还专门撰写了一本关于雪花的书！）。开普勒是毕达哥拉斯学派的忠实拥趸，他坚信数字和形状具有神秘力量，他也沉迷于将线段分割为极端和平均比例（见第 2 章的开篇题记）。因此，人们认为是开普勒推广了黄金分割，并引领了后续的深入研究。

　　在本章最后，我要说出黄金分割的第三个神圣之处：它是以尺规作图的方式构建正五边形的关键，而这就是我们下一章将要探讨的主题。

注释：

1. Gyorgy Kepes, ed. ,*Module*, *Symmetry*, *Proportion*, pp. 174—193.

2. 更多关于黄金分割的传说与迷思，请参见：*The Golden Ratio*, ch. 3。

3. Euclid,*The Ele ments*, vol. 2, pp. 267—268.

4. 帕西奥利的生卒年存在争议，一些学者认为是 1447—1517 年，或 1445—1514 年。

5. Lynn Gamwell,*Mathematics + Art*, pp. 91—107.

6. 还有一个著名的例子：格雷戈里—莱布尼茨数列 $1-1/3+1/5 - 1/7 +\cdots = \pi/4$。

第4章　构建正五边形

欧几里得的数学成就流芳百世。我们现在使用的所有当代数学课本在将来都会被取代、被遗忘,但欧几里得的成就永远不会被忘记。

——考克斯特(H. S. M. Coxeter),
《几何概论》(*Introduction to Geometry*,1961 年)

欧几里得《几何原本》第四卷命题 10 是"构建一个等腰三角形,使两个底角均为顶角的两倍"[1]。这个命题看似平平无奇,其实却隐含着构建正五边形的奥秘。为了说明这一点,我们不妨用数学语言进一步解读如下:题目要求我们构建一个顶角为 α、底角为 2α 的等腰三角形。这就意味着 $5\alpha = 180°$,所以 $\alpha = \dfrac{180°}{5} = 36°$,即圆周的十分之一。也就是说,如果有十个这样的三角形共用同一个顶点,且每两个相邻的三角形共用同一条腰,那么这十个三角形就构成了正十边形,即:每条边、每个角都相等的十边形。从正十边形到正五边形就只有一步之遥了——我们只需要再画出几条依次相连的对角线(每间隔一个底点画对角线)就可以完成正五边形的构建(图 4.1)。

先别急着高兴,这道题还没做完呢!古希腊人可没有"角度—角分—

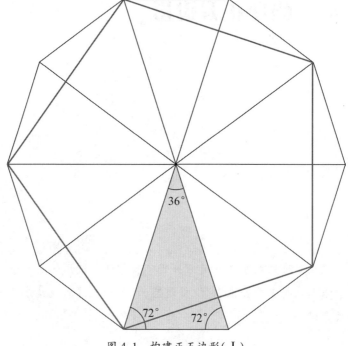

图 4.1　构建正五边形（Ⅰ）

角秒"系统来衡量角的大小。他们唯一使用的角的单位就是直角（注意他们不说这是 90°角）。因此，36°=（2/5）×90°，或者说，36°是五分之二个直角。另外，古希腊人也不会利用简单的字母（如 α）说某个角是 α 度，而是累赘地称直线 CA 和 CB 相交于 C 点所形成的角为$\angle ACB$。

　　所以，《几何原本》第四卷命题 10 实际上是要求以尺规作图的方式构建这一三角形。根据欧几里得给出的步骤，基于以尺规作图的方式求黄金分割是作出这一三角形的基础。随后，他又给出了证明（演示）。不过，这个证明太长了，而且里面的角都是以三个字母来表示的（图 4.2），所以现代读者多半会读不下去。即使有耐心读下去，也要非常小心，不要把角搞混了，比如不要把$\angle ABC$ 误认为$\angle BAC$。这里，我们用现代数学语言来描述这一构建过程，并用黄金分割比来代替古希腊时期那让人一头雾水的"极端和平均比例"。

Therefore the angle *BDA* is equal to the angle *BCD*. [*Ax.* 1.
But the angle *BDA* is equal to the angle *DBA*,　　[I. 5.
because *AD* is equal to *AB*.
Therefore each of the angles *BDA, DBA*, is equal to the angle *BCD*.　　[*Axiom* 6.

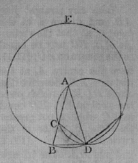

And, because the angle *DBC* is equal to the angle *BCD*, the side *DB* is equal to the side *DC*;　　[I. 6.
but *DB* was made equal to *CA*;
therefore *CA* is equal to *CD*,　　[*Axiom* 6.
and therefore the angle *CAD* is equal to the angle *CDA*. [I. 5.
Therefore the angles *CAD, CDA* are together double of the angle *CAD*.
But the angle *BCD* is equal to the angles *CAD, CDA*. [I. 32.
Therefore the angle *BCD* is double of the angle *CAD*.
And the angle *BCD* has been shewn to be equal to each of the angles *BDA, DBA*;
therefore each of the angles *BDA, DBA* is double of the angle *BAD*.

Wherefore *an isosceles triangle has been described, having each of the angles at the base double of the third angle.* Q.E.F.

PROPOSITION 11. *PROBLEM.*

To inscribe an equilateral and equiangular pentagon in a given circle.

Let *ABCDE* be the given circle: it is required to inscribe an equilateral and equiangular pentagon in the circle *ABCDE*.

Describe an isosceles triangle, *FGH*, having each of the angles at *G, H*, double of the angle at *F*;　　[IV. 10.
in the circle *ABCDE*, inscribe the triangle *ACD*, equiangular to the triangle *FGH*, so that the angle *CAD* may

图 4.2　构建黄金三角(欧几里得《几何原本》第四卷命题 10)（未完待续）

be equal to the angle at *F*, and each of the angles *ACD*, *ADC* equal to the angle at *G* or *H*;   [IV. 2.

and therefore each of the angles *ACD*, *ADC* is double of the angle *CAD*; bisect the angles *ACD*, *ADC* by the straight lines *CE, DB*;   [I. 9. and join *AB, BC, AE, ED*.

ABCDE shall be the pentagon required.

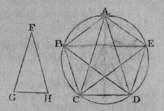

For because each of the angles *ACD, ADC* is double of the angle *CAD*, and that they are bisected by the straight lines *CE, DB*, therefore the five angles *ADB, BDC, CAD, DCE, ECA* are equal to one another.

But equal angles stand on equal arcs;   [III. 26.

therefore the five arcs *AB, BC, CD, DE, EA* are equal to one another.

And equal arcs are subtended by equal straight lines; [III. 29.

therefore the five straight lines *AB, BC, CD, DE, EA* are equal to one another;

and therefore the pentagon *ABCDE* is equilateral.

It is also equiangular.

For, the arc *AB* is equal to the arc *DE*; to each of these add the arc *BCD*;

therefore the whole arc *ABCD* is equal to the whole arc *BCDE*.   [*Axiom* 2.

And the angle *AED* stands on the arc *ABCD*, and the angle *BAE* on the arc *BCDE*.

Therefore the angle *AED* is equal to the angle *BAE*. [III. 27.

For the same reason each of the angles *ABC, BCD, CDE* is equal to the angle *AED* or *BAE*;

therefore the pentagon *ABCDE* is equiangular.

And it has been shewn to be equilateral.

Wherefore *an equilateral and equiangular pentagon has been inscribed in the given circle.* Q.E.F.

图 4.2　构建黄金三角(欧几里得《几何原本》第四卷命题 10)(续)

　　如图 4.3 所示,线段 *AB* 的长度为 *a*,*C* 是线段 *AB* 的黄金分割点(见第 2 章"尺规作图法构建黄金分割")。设线段 *AC*=*x*,取线段 *CB* 的中点

E,并过点 E 作 CB 垂线,可得 CB 的垂直平分线,且该垂直平分线上任意一点到点 B 和点 C 的距离均相等。现在,以 C 为圆心,线段 CA 长度 x 为半径作圆,并交 CB 的垂直平分线于点 D。连接 AD、CD、BD,可得两个等腰三角形,即 $\triangle ACD$ 和 $\triangle CBD$(因为 $EB=EC$),此外还有大三角形 $\triangle ABD$。我们要证明 $\triangle ABD$ 就是我们所求的三角形。

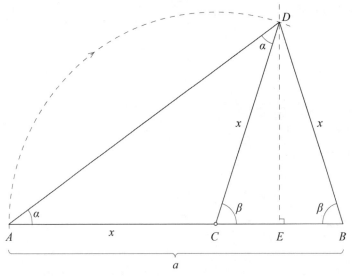

图 4.3　构建黄金三角(以当代数学符号表示)

证明如下:设 $\angle A$ 与 $\angle B$ 分别为 α 和 β。因为 $\triangle ACD$ 是等腰三角形,所以另一个内角($\angle ADC$)也为 α。又因为 $\triangle CBD$ 也是等腰三角形,所以其另一个内角($\angle DCB$)也为 β。现在,我们根据勾股定理求 AD 的长:

$$
\begin{aligned}
AD^2 &= AE^2 + ED^2 = (AC+CE)^2 + (CD^2 - CE^2) \\
&= AC^2 + 2AC \cdot CE + CD^2 \\
&= x^2 + 2x \cdot (a-x)/2 + x^2 \\
&= x^2 + ax
\end{aligned}
\tag{1}
$$

注意,点 C 是 AB 的黄金分割点。因此 $AB/AC = AC/CB$,于是:$AB \cdot CB = AC^2$。故而:$a \cdot (a-x) = x^2$,或 $x^2 + ax = a^2$。将前式代入(1)式等号右边,得 $AD^2 = a^2$,于是 $AD = a$。由此可以推出:$\triangle ABD$ 也是等腰三角形,$\angle ADB = \beta$。又因为 $\angle BCD = \beta$ 且 $\angle BCD$ 是 $\triangle ACD$ 的外角,所以 $\beta = 2\alpha$。

因此，△ABD 就是题目要求我们构建的底角是顶角两倍的等腰三角形。QED![2]

现在，我们可以进一步确定△ABD 中每个角的度数了。我们已经知道 $\beta = 2\alpha$ 且 $\alpha + 2\beta = 180°$，于是可以推出：$\alpha = 36°$、$\beta = 72°$（注意：CD 是 ∠ADB 的角平分线）。现在，我们可以使用本章开篇的方法，构建出任意大小的正五边形了。

这种三个内角分别为 72°、72°和 36°的三角形被称为"黄金三角形"。从很多层面上来讲,它是正五边形的核心。如今的很多教材先直接给出这一三角形,然后才进一步介绍它的特性,我们也是先给出三角形再给出证明。不过,请记住,这与欧几里得的步骤是相反的。接下来,我们要证明这一黄金三角形的腰和底边之比正好等于 φ,即等于黄金分割比。

设 △ABC 为黄金三角形,其顶角 ∠C 为 36°(图 4.4a)。AD 是底角 ∠CAB 的角平分线,且与 BC 交于点 D。AD 将 △ABC 分为两个等腰三角形,分别是三个内角为 72°、72°和 36°的 △BDA 和三个内角为 36°、36°和 108°的 △ACD。毫无疑问,△BDA 与 △ABC 是相似三角形,于是有:

$$\frac{AB}{BC} = \frac{BD}{DA}$$

设 $AB = 1$、$BC = x$,可得:$AB = AD = DC = 1$;$AC = BC = x$;$BD = x - 1$。于是:

$$\frac{1}{x} = \frac{x-1}{1}$$

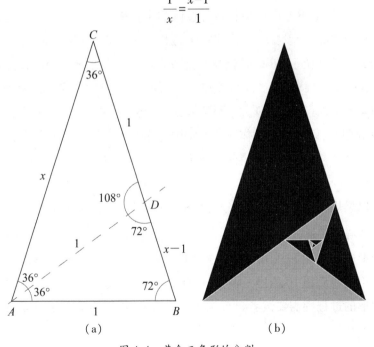

图 4.4 黄金三角形的分割

由此推出二元一次方程 $x^2-x-1=0$，解方程并保留正数解（因为 x 代表长度，不可能是负的），可得：

$$x = \frac{1+\sqrt{5}}{2}$$

即黄金分割比 φ。一言以蔽之：在黄金三角形中，腰与底边的比为 φ。在后续的讨论中，我们会反复用到这个结论。

在此，我们不得不提到黄金三角形的一个特殊性质：黄金三角形可以被分为两个小三角形，且其中一个与原三角形相似，也是黄金三角形。即：△ABC 与 △BDA 相似。我们可以对 △BDA 进行同样操作，得到一个更小的黄金三角形。实际上，我们可以不断重复这一过程，这样我们可以永远得到一个更小的三角形。图 4.4b 形象地展示了这一过程，该图由约斯特绘制。

如果要求我们构建一个任意大小的正五边形，那么根据前文所述的步骤进行操作即可。然而，更多的时候，我们要构建的是一个特定大小的正五边形，比如根据已知边长或外接圆的半径来构建。我们先来讨论给定边长的情况：假设我们要构建一个边长为 1 的正五边形（图 4.5）。如图，$AB=1$，BQ 位于 AB 的延长线上，且 $BQ=φ$（方法见图 2.2）。以点 B 为圆心，φ 为半径画弧线。随后以点 A 为圆心，φ 为半径画弧线（两条弧线在图 4.5 中以虚线表示）。这两条弧线交于点 D。接下来，分别以点 A 和点 D 为圆心，以 1 为半径作弧线（图中未展示），两弧线交于点 E[3]。对点 B 和点 D 重复这一操作，得到交点 C。连接 AE、ED、DC、CB，即得所求正五边形[4]。

以尺规作图法构建黄金分割是构建这一正五边形的前提，而黄金分割的核心是表达式 $(1+\sqrt{5})/2$。不过，欧几里得并不是用这个方法构建正五边形的。实际上，《几何原本》里并没有明确给出正五边形的构建方式。第四卷命题 10 给出了黄金三角形的构建方式，而从黄金三角形到正五边形的过程则需要读者自行领悟。读者们，不妨再读一下本章开篇第一段吧！

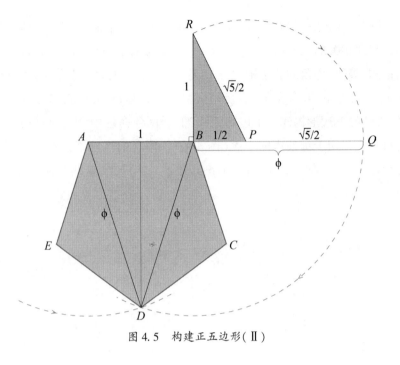

图 4.5　构建正五边形(Ⅱ)

欧几里得在第四卷命题 10 之后，又给出了 3 个命题，告诉我们如何构建与圆相关的正五边形。第四卷命题 11 说的是"对给定的圆构建一个内接的、等边、等角的五边形"，第四卷命题 12 说的是"对给定的圆构建一个外切的、等边、等角的五边形"，第四卷命题 13 说的是"对给定的等边、等角的五边形构建一个内切的圆"。后两条命题中，内切圆与五边形的每条边相切于每条边的中点（图 4.6）。两者的区别之处在于命题 12 是给定了圆，而命题 13 则给定了正五边形。本质上，这两个命题互为逆命题。

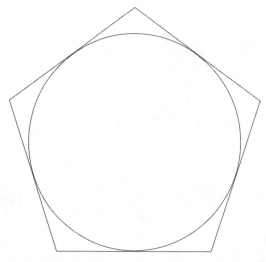

图 4.6　对给定圆作外切正五边形，或对给定正五边形作内切圆

对于第四卷命题 11，欧几里得同样给出了纯几何的作图步骤。首先，画出一个任意大小的黄金三角形。随后，在给定的圆内作一个三角形，使这个三角形的三个内角与上述黄金三角的内角一一对应，即画出圆的任意一个内接黄金三角形（图 4.7）。我们假设这第二个三角形是 △ACD，顶角为 ∠A（用现代数学语言就是：∠A = 36°）。接下来，画出 ∠C 和 ∠D 的角平分线，并与圆分别交于点 E、点 B。最后，用直线连接 A、B、C、D、E 各点，我们就得到了圆的内接正五边形和由此衍生的正五角星[5]。

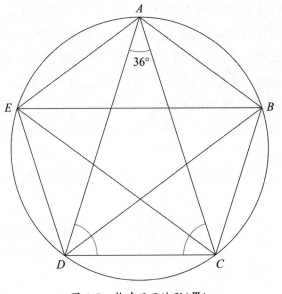

图 4.7　构建正五边形(Ⅲ)

　　但是,欧几里得给出的步骤中有一点是值得商榷的。那就是,你要如何把一个任意大小的黄金三角形"转移"到给定的圆中呢? 这一点是可以做到的,但非常复杂[6]。

在这里，我们给出另外两种更为现代的"构建圆的内接五边形"的方法。不过，我们首先要搞清楚，这个内接的五边形的边长与给定的圆的半径之间是什么样的关系。在图 4.8 中，圆的圆心为点 O，圆的半径为 1，而 $\triangle ABC$ 是其内接的黄金三角形。过点 O 作底边 BC 的垂线，与 BC 交于点 D。我们设 OD 的长度为 h，又设 BC 长度为 x。别忘了，那 AC 就等于 ϕx（因为 $\triangle ABC$ 是黄金三角形，腰和底边的比例为 ϕ）。对 $\triangle CDO$ 和 $\triangle CDA$ 分别使用勾股定理，可得：

$$(x/2)^2+h^2=1^2 \quad 且 \quad (x/2)^2+(1+h)^2=(\phi x)^2$$

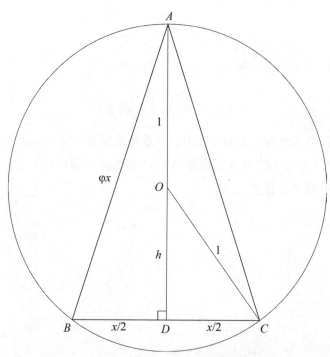

图 4.8 黄金三角形及其外接圆

对方程中的 h 和 x 求解的过程不难，但略枯燥。在此，读者可以自行尝试（用第 2 章中介绍的方法，将 ϕ 的多次幂转化为 $a+b\phi$ 的线性表达式，可以简化求解过程）。这里，我们直接给出答案：

$$x=\sqrt{3-\phi}=\sqrt{\frac{5-\sqrt{5}}{2}}$$

有了这个答案,我们就可以实现我们所说的"另两种"现代方法了。

方法 I:以 O 为圆心,1 为半径作圆(图 4.9)。过圆心 O 作两条相互垂直的直径 AB 和 CD。取半径 OA 的中点 M,连接 MC。使用圆规,以 M 为圆心,MC 为半径作圆弧并交直径 AB 于点 N。连接 NC。接下来,我们要证明 NC 的长度正好等于所求正五边形的边长 x。

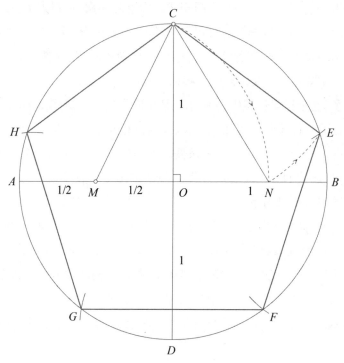

图 4.9 对给定的圆作内接正五边形(方法 I)

证明如下:

∵ $MC^2 = MO^2 + OC^2 = (1/2)^2 + 1^2 = 5/4$

∴ $MC = \sqrt{5}/2 = MN$

∴ $NC^2 = NO^2 + OC^2 = (MN - MO)^2 + OC^2$

$$= (\sqrt{5}/2 - 1/2)^2 + 1^2 = (\sqrt{5} - 1)^2/4 + 1$$

对该式化简后,可得 $NC^2 = (5 - \sqrt{5})/2$,即:

$$NC = \sqrt{\frac{5-\sqrt{5}}{2}}$$

也就是说，NC 的长度正好等于给定圆的内接正五边形边长。

接下来我们要做的，就是在圆上作一条长度与 NC 相等的弦。方法如下：使用圆规，以 C 为圆心，CN 为半径作圆弧，交圆于点 E。半径不变，以 E 为圆心，重复这一过程，交圆于 F。再重复两次，可得点 G、点 H。连接 CE、EF、FG、GH 和 HC，即可得到所求的正五边形 $CEFGH$。想要验证自己得到的是不是正五边形的话，你可以再使用圆规，保持半径不变，以 H 为圆心作圆弧。你会发现这个圆弧与圆的交点正是点 C。

注意：这个构建过程中的所有步骤都是尺规作图，但我们略去了一些简单操作的具体步骤。例如：如何画出两条相互垂直的直径，如何求半径的中点等。同样，命题中的限制条件"给定的圆"也不是直接给出圆心和半径，但可以我们可以通过尺规作图的基本操作将其实现。这些基本的尺规作图法可参见附录 A。

方法 Ⅱ：同样，我们第一步先作出一个圆心为 O、半径为 1 的圆，并画出相互垂直的两条直径 AB 和 CD（图 4.10）。再次取 OA 中点 M，连接 MC。取圆规，以 M 为圆心、MO 为半径作圆弧，交 MC 于点 E。接下来，我们要证明 CE 的长度等于给定圆的内接正十边形的边长。

证明如下：在方法 Ⅰ 中，我们已经证明了 $MC = \sqrt{5}/2$。所以，$EC = MC - ME = \sqrt{5}/2 - 1/2 = (-1+\sqrt{5})/2$，即 $1/\phi$（见第 2 章），也就是黄金三角形中底边与腰的比。下一步，我们要作一个与 EC 等长的弦：拿出圆规，以 C 为圆心，取 CE 长度为半径作圆弧，交圆于 F。因此，$\triangle CFO$ 是黄金三角形，$\angle COF$ 为顶角，等于 36°（图中仅显示了该三角形的两条边），因此，CF 是正十边形的一条边。现在，拿出圆规，仍以 CE 为半径，以 F 为圆心作圆弧，交圆于点 G。不断重复这个过程，直到最后回到点 C。如果我们把这些点，每隔一个连接起来，就可以得到正五边形[7]。

这一构建正五边形的方法还有一段颇为有趣的历史：编纂了英文版的现代《几何原本》的希思爵士（Sir Thomas Heath）表示这一方法是由泰

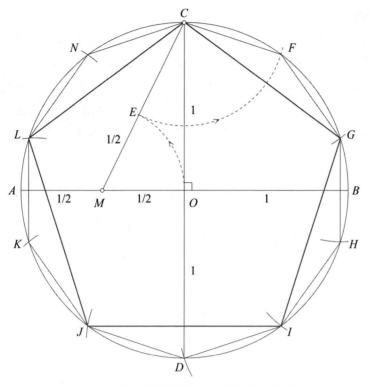

图 4.10 对给定的圆作内接正五边形(方法Ⅱ)

勒(Henry Martyn Taylor, 1842—1927)首先提出的。这位泰勒先生并没有名垂青史,即使用谷歌搜索也只能找到三篇关于他的简短生平。作为律师兼数学家,泰勒对几何尤其感兴趣。在 52 岁那年,他突然失明了。不过,他并没有因失明而放弃自己的职业和爱好。维基百科是这样记载的:

> 1984 年,他(H. M. 泰勒)失明了。当时,他正在为剑桥大学出版社编写欧几里得《几何原本》的新版本。于是,他设计了一套盲文系统,能精巧地将科学和数学理念转为盲文。在 1917年,在(国家盲人研究所工作人员)同为盲人的恩布伦先生的协助下,他进一步优化了这套盲文系统。这套系统因详尽而被英语国家广泛采纳为数学和化学领域的盲文通用标准。

维基百科的介绍还说,这位泰勒先生在 1900—1901 年间当选剑桥市市长,在 1898 年成为英国皇家学会会员。泰勒死于剑桥,葬于阿森松教区墓地[8]。

在数学史上作出贡献的盲人数学家不止泰勒一位。数学大师欧拉在生命的最后 17 年里完全失明，但他直到临死也没有停止对数学的探索。还有一位柯立芝(Emma A. Coolidge, 1857 年出生于马萨诸塞州斯特布里奇市)，身为盲人女性，她在 1888 年发明了一种证明毕达哥拉斯定理的拼割方法。这些身残志坚的例子[9]，令我们由衷地感到敬佩。

注释：

1. Euclid, *The Elements*, vol. 2, pp. 96–97.

2. QED 是拉丁文 quod erat demonstrandum 的缩写，意思是"证明完毕"。

3. 这两条圆弧相交的必要条件是它们的半径大于线段长度的一半。实际上，$AD = BQ = (1 + \sqrt{5})/2 \approx 1.618$，所以 $AD/2 \approx 0.809$，$AE = 1 > AD/2$。两条圆弧一定能相交。

4. 本构建方法和文字介绍改编自本书作者出版的另一部作品《美丽的几何》，第 177–179 页。

5. Euclid, *The Elements*, vol. 2, pp. 100–101.

6. 首先，在圆上选择任意一点，例如点 A；过点 A 作圆的直径；随后，对任意大小的黄金三角形的顶角作角平分线；接着在过点 A 的两侧分别复制出这个 18° 的角，分别交圆于 BC；连接 BC，可得内接于圆的黄金三角形。

7. 当然，在各种给定的条件下，还有更多构建正五边形的方法。其中有一种"马斯切罗尼法"只需要用到圆规而无需直尺，还有一种"杜勒法"能构建出近似结果。下面这些文章都来自"Cut the Knot"网站（https://www.cut-the-knot.org），读者们可自行参阅。有趣的是，这个网站的标志就是一个正五边形。

- "Approximate Construction of Regular Pentagon" by A. Dürer
- "Construction of Regular Pentagon" by H. W. Richmond
- "Inscribing a Regular Pentagon in a Circle— and Proving It"
- "Regular Pentagon Construction" by Y. Hirano
- "Regular Pentagon Inscribed in Circle by Paper"
- "Mascheroni Construction of a Regular Pentagon"
- "Regular Pentagon Construction" by K. Knop

8. https://en.wikipedia.org/wiki/Henry Martyn Taylor. 也请参见网络文章 "Henry Martyn Taylor, FRS"，网址：http://trinitycollegechapel.com/about/memorials/brasses/taylor-hm/，以及他的讣闻，网址：https://academic.oup.com/mnras/article/89/4/324/1225534（*Monthly Notices of the Royal Astronomical Society*, vol. 89, no. 4, February 1929）.

9. 参见：Kaplan, Robert, and Ellen Kaplan, *Hidden Harmonies: The Lives and Times of the Pythagorean Theorem*（New York: Bloomsbury Press, 2011），pp. 103–107, and Eli Maor, The Pythagorean Theorem: A 4,000-Year History, pp. 106–107. 也请参见 "The World of Blind Mathematicians" by Allyn Jackson, *Notices of the AMS*, vol. 49, no. 10, November 2002, p. 1247.

花絮2 五边形数

简单来讲,五边形数就是用间距相等的点排成若干个正五边形,需要的点的数量,如图 S2.1 所示。五边形数是正整数。

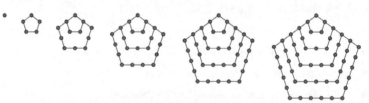

图 S2.1 五边形数

第 1 个五边形数是 1,它的图形是由 1 个点组成的"五边形"。第 2 个五边形数是 5,它的图形是由 5 个点组成的正五边形(每个顶点 1 个点,即每边 2 个点)。接下来,第 3 个五边形数是 12,它的图形是在前一个五边形的基础上,其中两条边每边增加 1 个点,并用等间距的点把另三条边补充完整。这样,总共新增了 7 个点,所以第 3 个五边形数是 5+7 = 12。现在,我们可以不断重复这个过程,画出第 4 个五边形数。这次,我们需要新增 10 个点,所以第 4 个五边形数是 12+10 = 22。再不断重复这个过程,就可以得到一组由五边形数组成的数列:

$$1,5,12,22,35,51,70,92,\cdots$$

你注意到了吗,这个数列是按照"奇、奇、偶、偶、奇、奇、偶、偶、……"的顺序排列的。

想要知道第 n 个五边形数是多少,我们该怎么做呢? 除了画出、数出前面所有五边形的点数外,有没有其他办法呢? 答案是有的。我们可以再次观察这个数列:

$$1=1,\ 5=1+4,\ 12=5+7,\ 22=12+10,\ 35=22+13,\cdots$$

我们可以得出这样的递推公式:

$$P_1=1,P_{n+1}=P_n+3n+1,n=1,2,3,\cdots$$

于是,有:

$$P_1=1,P_2=1+4=5,P_3=1+4+7=12,P_4=1+4+7+10=22$$

那么,对于任意一个自然数 n,都有:$P_n=1+4+7+10+\cdots+(3n-2)$。

这是一个首项为 1、公差为 3 的等差数列的和。想要求出这个和,我们可以用正序(从小到大)和逆序(从大到小)分别写出这个等差数列的各项,即:

$$P_n=1+4+7+\cdots+(3n-5)+(3n-2)$$
$$P_n=(3n-2)+(3n-5)+\cdots+7+4+1$$

把上下对应的项视为一组,则每组的和是 $3n-1$,且一共有 n 组。所以,$2P_n=n(3n-1)$。这样,我们就可以得到 P_n:

$$P_n=\frac{n(3n-1)}{2}$$

把数字代入 n 后,就可以求出具体的五边形数。例如,第 10 个五边形数是 145,第 100 个五边形数是 14950,等等[1]。

在个别情况下,五边形数恰好也是平方数(能等间距地排列成正方形的点的数量)。从小到大,这些既是五边形数又是正方形数的数依次是:

$$P_1=1$$

$$P_{81}=9801=99^2$$

$$P_{7921}=94\ 109\ 401=9701^2$$

$$P_{776161}=903\ 638\ 458\ 801=950\ 599^2$$

$$P_{76055841}=8\ 676\ 736\ 387\ 298\ 001=93\ 149\ 001^2$$

所有已知的,既是五边形数又是正方形数的数都是以 01 结尾的[2]。

注释：

1. 这个公式也可以通过归纳法来证明：我们首先假设这个公式对于所有 $n=1$，$2,3,\cdots,m$ 都成立，然后证明它对于 $n=m+1$ 的情况也成立即可。感兴趣的读者可以自行尝试。

2. "整数数列网络百科"给出了前 11 个"既是五边形数、又是正方形数的数"，并探讨了它们的更多特性，请见：https://oeis. org/A036353。此外，也可参见："Pentagonal Square Numbers" at Wolfram Math World, https:// mathworld. wolfram. com/ PentagonalSquareNumber. html.

第5章　五角星

毕达哥拉斯学派把"五角星"图案当作会徽,并在每个顶角上刻一个字母,按逆时针方向读下来就是 υγτεια,"健康"的意思。这枚会徽也是学派成员的识别符号。

——希思爵士,《论欧几里得的〈几何原本〉》
(*Commentary On Euclid's The Element*, 1947年)

　　正五边形的五条对角线组成的形状就是五角星。早在古希腊时期,五角星就已被视为美德、财富和好运的象征。在公元前4世纪到公元前3世纪的古希腊城镇皮塔内遗址中,人们发现了一枚铜币,其正面是宙斯——太阳神阿蒙的头像,反面则是一枚五角星,五角星的周围还刻着古希腊字母"ΠΙΤΑΝ"(图5.1)。皮塔内位于土耳其境内的安纳托利亚半岛西部的米西亚,距离现在的坎达里不远[1]。毕达哥拉斯早年在这一区域生活、学习,当时他的老师是米利都的泰勒斯(Thales)。泰勒斯是古希腊七贤之一,是古希腊哲学家、科学家和数学家。后来,毕达哥拉斯又旅居埃及和美索不达米亚,在那里,五角星被当作城市象征,并经常作为墓碑的装饰,毕达哥拉斯也因此与五角星结缘。追随毕达哥拉斯的人于是采用五角星作为学派会徽,方便学派成员彼此相认。据说,五角星的五个角分别代表构成世界的五大元素——土、水、空气、火和凌驾于这四者之上的神灵。

图 5.1　古代硬币上的五角星标记

随着古希腊文明的传播,五角星"驱魔辟邪"的象征意义也被传播到了整个西方文明社会。在犹太王国,五角星被印在陶瓷器皿上。图 5.2 展示的陶片的年代约为公元前 400—前 200 年[2]。特拉维夫大学的学者利普希茨(Oded Lipschits)和伯彻(Efrat Botcher)表示,它的用途也许是某种纳税证明。五角星周围的字母是希伯来字符"ירשלם"即 YRŠLM,耶路撒冷(Jerusalem)的缩写。希伯来语的书面文字中没有元音,元音在孩子们还很小时由专人教授。

图 5.2　古犹太王国的陶片

在古代伊斯兰国家,五角星也被称为"所罗门的印章"(不过,这个名字也被用来称呼六角星,即"大卫之星")。传说五角星的五个角分别象征爱、真理、和平、自由和公正。图 5.3 展示了耶路撒冷市雅法门上一块保存完好的砖石,其上刻有五角星和花纹装饰。这块砖石是奥斯曼帝国的统治者苏莱曼大帝于 1541 年下令雕刻的,是耶路撒冷宏伟城墙的一部分。此外,摩洛哥国旗和摩洛哥丹吉尔市市旗上都绘有"苏莱曼之印"(彩插 8),它是由五根绿色线条交叉组成的五角星[3]。

图 5.3　雅法门上的五角星装饰,耶路撒冷

　　不过,五角星也并非永远代表光明、积极的一面,也有一些人认为五角星是邪恶的象征。2012 年 12 月 13 日,《芝加哥论坛报》是这样报道的:

　　　　在得克萨斯州北部城市休斯敦,一名男子在其 6 岁的儿子背上刺了一个五角星。面对警方的质询,他称这么做是因为 12 年 12 月 12 日是"神圣的日子"……警方表示:在男子家中搜查后发现了作案时使用的美工刀,而受伤男童生命体征稳定。

　　对于一些人来说,五角星代表了魔力和魔法。歌德(Johann Wolfgang von Goethe)在戏剧《浮士德 I》(Faust I)里是这样写的[4]:

　　　　梅菲洛菲勒斯(《浮士德》中的魔鬼):我得承认,有个小问题阻碍我离开这里,那就是你门槛上的德鲁伊特脚印。

　　　　浮士德:你是说这个五角星令你不安?你这个地狱之子!如果它真的能阻挡你,那你又是怎么走进来的?你这样的恶灵,难道会上当受骗?

梅菲斯洛菲勒斯:仔细看! 这些线条歪歪扭扭,那个朝上的尖角没有合拢,有个小开口。

五角星是可以用"一笔画"的方式画出的。我们也可以用一笔(指整个画图过程中笔尖不离开纸面,也不重复经过任意一边)连续画出五角星和它对应的五边形,甚至再加上它的外接圆(见图5.4)。某种程度上,我们可以认为五角星和五边形是同一个几何结构的"一体两面"。我们也可以认为五角星"定义"了对应的五边形,即当我们把五角星的相邻顶点连接起来,就可以得到对应的五边形。如果把这个五边形的边延长并相交,就会得到一个更大的五角星——这个过程称为"星状化"(图5.5)。这个过程是双向的,对于给定的五边形,既可以把对角线相连,得到一个较小的五角星;也可以把五边形的边延长并相交,得到更大的五角星。彩插9《五边形与五角星》中,橙色表示五边形,蓝色表示五角星,共展示了四级"星状化"的效果,由约斯特绘制。

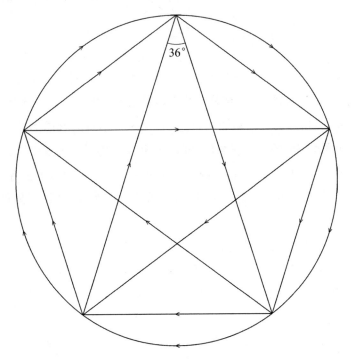

图 5.4　一笔画出五角星和五边形

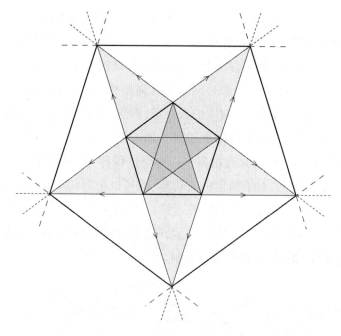

图 5.5 五边形的星状化

　　五边形的"星状化"伴随着一些有趣的性质,而且还都与黄金分割有关。首先,五角星任意一角的两条边,和与该角相对的五边形的边,共同组成了顶角为 36° 的等腰三角形,即一个黄金三角形。这就表明,这个三角形的腰长:底边 = φ,即黄金分割比(见图 4.4a)。假如这个正五边形的边长为 1,那么五角星的每条边(即五边形的每条对角线)长度都是 φ,而五角星的五条边总长就是 5φ。

　　以五角星的五条边为界,又围出了一个位于中心的小正五边形。那么,这个小正五边形的边长又是多少呢? 让我们来算一算。假设其边长为 x,两边的延伸部分各为 y(图 5.6)。那么,有 $x+2y=\phi$(即对角线长度)。又由于最顶上的小三角形与其所在的大三角形相似,所以 $x/1 = y/\phi$。对这组方程求解,并使用 $\phi^3 = 1+2\phi$(见第 2 章),可得:

$$x = 1/\phi^2,\ y = 1/\phi$$

　　所以,五角星内部由五角星五条边围成的小五边形与五角星五个顶点围成的大五边形形状一致,并且边长之比为 $1/\phi^2 : 1\ (\approx 0.382)$,其面积

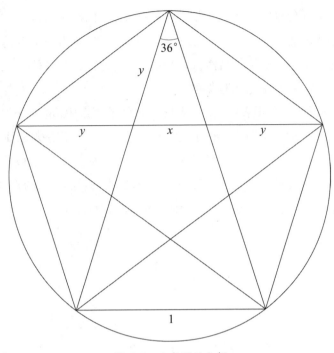

图 5.6　五角星的分解

之比为 $1/\phi^4$（≈ 0.146）。或者说,小五边形的面积是大五边形面积的 15% 左右。

如果不停重复"星状化"的过程,那么就可以像俄罗斯套娃一样,不停构建出更小、更更小、更更更小的五边形和五角星,直到无穷小为止(见彩插 9)。这些五边形的边长分别为初始五边形边长的 $1/\phi^2$, $1/\phi^4$, $1/\phi^6$, …。出于好奇,我决定计算一下所有这些五边形的周长之和(包括最初边长为 1 的那一个):

$$5(1+1/\phi^2+1/\phi^4+1/\phi^6+\cdots)$$

括号内的表达式是一个等比数列,其公比 $r=1/\phi^2$。我们知道,当 $-1<r<1$ 时,等比数列的求和公式为 $\lim\limits_{n\to\infty}S_n=1/(1-r)$。在这里,公比 $r=1/\phi^2\approx 0.382<1$。所以,该等比数列的和 $\lim\limits_{n\to\infty}S_n=\dfrac{1}{1-1/\phi^2}=\dfrac{\phi^2}{\phi^2-1}=\dfrac{\phi^2}{\phi}=\phi$。因此,这些五边形的周长之和为 5ϕ。不过,5ϕ 同时也是初始的五边形各顶点

连接组成的五角星的五条边总长。这样一来,我们甚至可以用它们来制作考尔德式的雕塑*——所有五边形的周长之和,与第一个五角星的五边之和形成了一个平衡。当然,这只在理论上可行,在实践中,人类是不可能造出"无穷个"五边形框架的。

以上种种,无一不表明:在五边形—五角星体系中,黄金分割是毫无疑问的核心要素。实际上,π 对于圆有多重要、e 对于对数螺线有多重要,那么,ϕ 对于正五边形就有多重要。另外,因为有了 ϕ,所以我们可以用两种不同形式来表达与正五边形有关的公式:以常数 ϕ 的形式,或以含 $\sqrt{5}$ 的表达式形式。具体用哪种,则可以根据便利性原则进行选取[5]。

---

* 考尔德(Alexander Calder)是一位美国雕塑家,他创造了一种"诗意动态平衡雕塑"——利用铁丝制作出自重平衡的装置,当装置旋转或者随风摇摆时,就会产生光影的动态变换。在这里,作者的意思是说,如果用铁丝制作出这些逐次变小的正五边形和最大的那个五角星,那么由于铁丝的质量与图形的周长成正比,因此一个大五角星可以与所有的五边形形成平衡,这样就可以在理论上制作出一个动态平衡的雕塑作品。——译注

五角星与五边形同源，而且五角星的任意两条边的交点，都是其所在边的黄金分割点。请再次看向图 5.6，位于最上方的顶角的两边，分别将水平方向的边分为两段，其长度分别是 $y+x$ 和 y。两者之比是：

$$\frac{y+x}{y}=\frac{1/\phi+1/\phi^2}{1/\phi}=1+\frac{1}{\phi}=\phi$$

　　与此同时，整条对角线长度为 $2y+x$，而其中较长的一段为 $y+x$，两者之比也为 ϕ。读者们可以自行计算验证（附录 D，图附录 D-1 给出了此类关系的汇总）。据说，柏拉图的密友、来自雅典的泰特托斯（Theatetus，约公元前 414—前 369）发现了这一比例关系。泰特托斯是仅有的几位留下详细生平记录的古希腊先贤之一。在《柏拉图对话录》（*Dialogues*）中，柏拉图形容泰特托斯"鼻子翘挺、眼睛微凸，思维的深度和敏锐度远超常人"[6]。泰特托斯的主要数学成就是对于无理数（古希腊称之为"不可通约的量"）的研究。要知道，无理数在古希腊时期可是难解之谜呢！泰特托斯当时把无理数划分为两类：第一类的平方是有理数，例如 $\sqrt{5}$；第二类的平方仍为无理数，例如 $(1+\sqrt{5})/2$，它的平方 $(3+\sqrt{5})/2$ 仍为无理数。当然，我们今天并不这样区分无理数。

回到之前讨论的问题。我们已经证明了,在"星状化"的过程中,每一级的"小五边形"面积是上一级的 $1/\phi^4$(≈ 0.146)。不过,我们首先还要计算出初始的正五边形的面积(仍然假设初始正五边形的边长为 1)。我们有两种方法来求这个面积。比较简单的方法是把正五边形分为 5 个完全相等的等腰三角形,其中每个等腰三角形的顶角为 72°,底边是 1(图 5.7)。根据三角函数,每个三角形的高 $h = \dfrac{1}{2}\cot 36°$,面积为(底边×高)/2 $= \dfrac{1}{4}\cot 36° \approx 0.344$。所以,正五边形的面积等于三角形面积的 5 倍,约为 1.720。

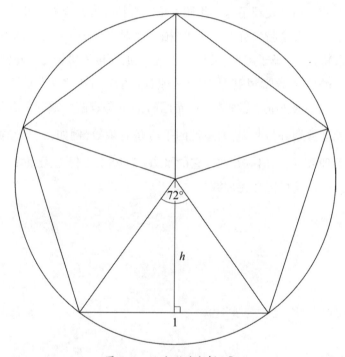

图 5.7　五边形的分解(Ⅰ)

没错,这种方法虽然简单粗暴,但超出了欧氏几何的范畴——欧氏几何要求只能使用尺规作图,所涉及的计算也必须基于已被证明的几何定理(最好还是黑纸白字已经写在《几何原本》书里的)。毫无疑问,三角函数可不属于欧氏几何的范畴。所以,让我们再用"纯"几何的方式来求这个面积吧。我们首先把这个正五边形分割为三个三角形——1 个底边为

1、腰长为 φ 的黄金三角形，2 个底边为 φ、腰长为 1 的等腰三角形（图5.8）。

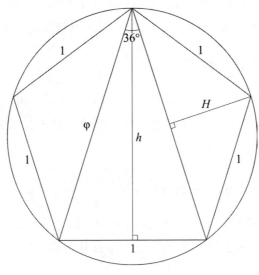

图 5.8　五边形的分解（Ⅱ）

为了求出这些三角形的面积，我们要先求出它们的高。设中间的黄金三角形的高为 h，那么根据 $(1/2)^2 + h^2 = \phi^2$，可知 $h^2 = \phi^2 - 1/4 = (1+\phi) - 1/4 = (3+4\phi)/4$，所以 $h = \sqrt{3+4\phi}/2$。这样，我们就可以根据三角形的面积公式，求得该黄金三角形的面积为 $(1 \times h)/2 = \sqrt{3+4\phi}/4$。

再来看外侧的两个等腰三角形。设其底边的高为 H，那么有：$(\phi/2)^2 + H^2 = 1^2$，$H^2 = 1 - \phi^2/4 = (3-\phi)/4$（这里我们同样以 $1+\phi$ 来代替 ϕ^2），求得 $H = \sqrt{3-\phi}/2$。这样我们就可以求出两侧的三角形面积，它们各为 $(\phi \times H)/2 = \phi\sqrt{3-\phi}/4$。现在，我们要用一个小操作来证明，用 ϕ 而非 $(1+\sqrt{5})/2$ 时，计算更为简便：我们把根号左边的 ϕ 代入根号里面，并代入 $\phi^2 = 1+\phi$。这样一来，三角形的面积就变成了 $\sqrt{(1+\phi)(3-\phi)}/4 = \sqrt{3+2\phi-\phi^2}/4$。此时，再次代入 $\phi^2 = 1+\phi$，得 $\sqrt{2+\phi}/4$。所以，两侧的两个等腰三角形面积之和为 $\sqrt{2+\phi}/2$。把这个数与中间的黄金三角形面积相加，可得：

边长为 1 的正五边形的面积为：$\sqrt{3+4\phi}/4 + \sqrt{2+\phi}/2$。

说真的,这个计算过程丝毫谈不上有趣,计算结果也不那么讨喜——这两个根式的和看上去也不能合并。不过! 实际上却是可以的! 这里,我就直接给出结果吧! 至于证明的过程,读者们可以自行尝试——重复迭代 φ 的多次幂即可,计算不算特别难,但涉及较多代数操作。

边长为 1 的正五边形的面积为:$\dfrac{\sqrt{5(3+4\phi)}}{4}$。

你注意到了吗?在这个推导过程中,我们并没有用到 φ 的具体值,即 $(1+\sqrt{5})/2$。不过,几何课本给出的结果往往是不含 φ 的表达式。所以,这里我们同样给出不含 φ 的表达式:

边长为 1 的正五边形的面积为:$\dfrac{\sqrt{5(5+2\sqrt{5})}}{4}$。

我们看到,在进行与五边形、五角星相关的计算时,以 φ 作为"基本单位"更有优势,这也是由五边形、五角星自身的属性决定的。

注释:

1. 改编自网站上关于古代与中世纪(及稍后)的历史,网址:https://archaicwonder. tumblr. com/post/76908550286/rare-bronze-coin-from-pitane-mysia-c-4th-3rd。

2. Oded Lipschits and Efrat Botcher, "The YRŠLM Stamp Impressions on Jar Handles: Distribution, Chronology, Iconography and Function," *Tel Aviv*, vol. 40, 2013, p. 107. 另参见:"Strata: Pentagrams in Judea," Biblical Archeology Society Online Archive, November/December 2013, at https:// www. baslibrary. org/biblical-archaeology-review/ 39/6/18。

3. "摩洛哥国旗列表",网址:https://en. wikipedia. org/wiki/List_of_Moroccan。
在以下网站还能找到更多图文介绍:
 ● "A Brief History of the Pentagram" at https:// willyoctora. wordpress. com/2013/ 07/08/a-brief-history-of-the-pentagram/
 ● "Pentagram" at https:// en. wikipedia. org/wiki/Pentagram
 ● "The Pentagram through History" by Lionel Pepper at https:// www. spiritualdimensions. co. nz/spiritual - learning/wicca/the pentagram/the - pentagram - through - history/
 ● "Symbolic Meaning of the Pentagram" at http:// www. globalstone. deessays/The history of pentagram. pdf
 ● "Pentagram" at https:// slife. org/pentagram/

4. Gyorgy Kepes, ed., *Module*, *Symmetry*, *Proportion*, p. 191.

5. 实际上,还有人呼吁在科学计算器里专门设置一个代表 φ 的按键(科学计算器里已经有 π 键和 e 键)。

6. François Lasserre, *The Birth of Mathematics in the Age of Plato* (Larchmont, NY: American Research Council, 1964), pp. 65-66. 这里引用的是拉塞尔的原话。

第 6 章　五星形

满天都是小星星。

——泰勒（Jane Taylor，1806 年）

　　五角星围成的区域就是五星形。五星形可以说是世界上使用最为广泛的形状符号了。全球有 48 个国家在国旗中使用了五星形（另外欧盟旗帜中也有五星形），只有 3 个国家（布隆迪、赤道几内亚和斯洛文尼亚）使用了六星形，另外有 1 个国家（以色列）使用了六角星（也称"大卫之星"）。全球各地的圣诞装饰上，也有闪亮耀眼的五星形——传说中的伯利恒之星，圣诞树顶端的一颗星星。大约 2000 年前，耶稣在马厩里降生时，这颗星照亮了伯利恒的早晨。（不过，有一点颇为讽刺：如果你在观星时没有调准焦距，那么实际上你会因为光的衍射而看到六角星芒，而非五角星芒。）五星的魅力，无可抵挡。

　　英文字典里并没有"五星形"（pentastar）这个词，这个词是由克莱斯勒公司于 1962 年创造出来的品牌名。当时，克莱斯勒成立了一个全新的"企业标识部"，旨在"通过统一标准的视觉符号，将企业文化和产品特性传递给社会公众"[1]。在评估了大约 800 份提案后，克莱斯勒选择了五星形状和"pentastar"这个名字。这一标识的设计、命名者斯坦利（Robert

Stanley）表示："理想的标识既要简洁明了、方便记忆,又要有足够的吸引力……（最好是一个）经典而不呆板的几何形状,这就是为什么我们在五边形的基础上创造出了'五星形'。"就这样,一枚浮雕版的五星形（图 6.1）被印在了克莱斯勒公司 1962 年的年报封面上。此后的几十年里,这枚五星形标识一直代表着克莱斯勒公司——直到 1998 年,戴姆勒公司收购了克莱斯勒并废止了这一标识的使用。

图 6.1 克莱斯勒的五星形标识

图 6.2 是一幅与众不同的世界投影图——它呈五星形状,五大洲位于五星的各尖角。这幅图名为伯哥斯星状投影图,是 1879 年由德国地理

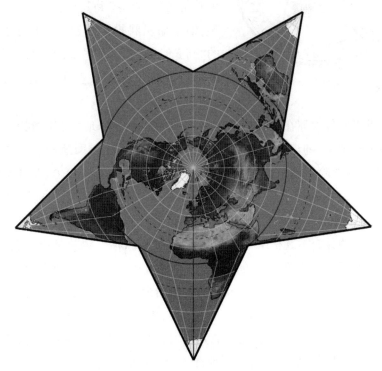

图 6.2 1879 年由伯哥斯提出的伯哥斯星状投影图

学家伯哥斯(Heinrich Karl Wilhelm Berghaus，1797—1884)提出并随后以他的姓氏命名的。投影图的中心是北极点，经线以射线形式从北极点射出，并在赤道位置弯折(恰好位于尖角平分线的经线不发生弯折)。也就是说，经线始于五星的中央(北极点)，终于五星的尖角(每个尖角的角尖都代表南极点)。与此同时，纬线则以同心圆的方式环绕北极点——北半球用等距方位投影的方式表示，即北半球上任意一点离中心点(北极点)的距离与实际值成正比。

图 6.3 美国地理学家学会会徽

伯哥斯星状投影图没有多少实用价值——它的优点是形状优美有趣，还把五大洲分到了五星的五个尖角上。实际上，世界各洲并非都能均匀地分布在五星的五个尖角上，某些洲的部分区域不可避免地会"外溢"到其他尖角上。1904年，伯哥斯星状投影图迎来了属于自己的"高光时刻"——美国地理学家学会把伯哥斯星状投影图放在了学会会徽中(图 6.3)。

　　世界的各大洲在今天是分散的，因此可以被粗暴地"划分"到五星形的各尖角中——但在遥远的过去却并非如此。根据德国地理学家、气象学家、极地探险家魏格纳(Alfred Lothar Wegener，1880—1930)提出的"大陆漂移学说"，地球上所有的大陆曾经是同一个巨大的陆地板块，称为"泛大陆"或"联合大陆"。在距今约 1.75 亿年前，大陆分裂并漂移，逐渐形成现在的分布。魏格纳称这个过程为"大陆漂移"，也就是我们现在所说的"板块运动"。在这一沧海桑田的变化过程中，一些海洋生物得以保存。彩插 10 是一枚在摩洛哥马拉喀什市附近发现的海星化石，这枚化石如今被法国图卢兹博物馆收藏。它来自白垩纪，距今已有约 1.45 亿年至6600 万年。这枚海星具有完美的几何对称性，而且保存完好，细节清晰可辨，令人忍不住赞叹大自然的神奇。大自然把远古的生命用这种形式刻在岩石中，成为留给人类的"岁月明信片"。

美国在建国至今的近250年历史中,国旗经历了数次更迭。美国国旗以五星和条纹组成,每当有新的州加入联邦政府,国旗上的五星就会增加一颗。因此,美国国旗上五星形的排列设计也相应发生过几十次变动,其中不乏一些有趣的几何设计。彩插11展示的是"大五星旗",极少有人知道它,但它确确实实曾在1818年7月4日至1819年7月3日期间被当作美国官方国旗使用(并且,在官宣成为正式国旗之前的半年里,国会大厦悬挂的国旗已经是它了)。这面国旗的设计者据说是美国海军上校里德(Samuel Chester Reid,1783—1861),他提出:美国国旗上应包含象征13个联邦创始州的13根条带,以及象征至1818年加入联邦的20个州的20颗五星形。国会采纳了他的提议。1818年4月4日,时任美国总统的门罗(James Monroe)签署了《1818年国旗法案》(*Flag Act of 1818*)。1850年,里德在给儿子的信中画出了设计草图(图6.4)。这一设计中的20颗五星形后来改为正方形排列,每行5颗共4行[2]。

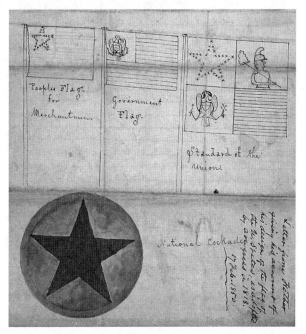

图 6.4　里德的美国国旗设计草稿

颇为讽刺的是,虽然克莱斯勒的标识设计者斯坦利认为自己的设计"简洁明了、方便记忆、经典而不呆板",但我们已经用前面的数个章节证明,五边形、五角星在涉及面积问题时可一点儿也不"简单"。对于五星形的面积、周长问题,其复杂程度与它们相比也是不分伯仲。

想要求出五星形的周长,我们可以先把五星的 5 个(尖角的)顶点相连,形成一个边长为 1 的正五边形(图 6.5)。在第 5 章里,我们已经证明了五星形的"臂长"都是 $1/\phi$。因此,其周长等于 $10×(1/\phi) = 10×(\sqrt{5}-1)/2 \approx 6.180$。或者说,五星形的周长是对应五边形的大约 1.236 倍。

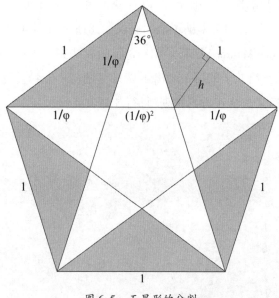

图 6.5　五星形的分割

如果想要求五星形的面积,我们可以设阴影部分的三角形的高为 h。那么,由 $h^2+(1/2)^2 = (1/\phi)^2 = 2-\phi$,可得:$h^2 = (2-\phi)-1/4 = (7-4\phi)/4$。因此,$h = \sqrt{7-4\phi}/2$。由此,阴影部分的 5 个三角形,其面积各为 $(1/2)×1×h = \sqrt{7-4\phi}/4$。我们已经在上一章证明了边长为 1 的正五边形的面积为 $\dfrac{\sqrt{5(3+4\phi)}}{4}$,所以我们只需在其中减掉 5 个三角形的面积,就可以求出

五星形的面积，

即：五星形面积 $= \dfrac{\sqrt{5(3+4\phi)}}{4} - \dfrac{5}{4}\sqrt{(7-4\phi)}$。

这个冗长的表达式可以进一步简化，这就要再次用到 ϕ 的多次幂的线性化公式。这样一来，我们得到的结果是 $\dfrac{5}{2\sqrt{3+4\phi}}$。不过，我们还需要进一步转化才能得到不含 ϕ 的实际值：

五星形面积 $= \dfrac{5}{2\sqrt{5+2\sqrt{5}}} = \dfrac{\sqrt{5(5-2\sqrt{5})}}{2} \approx 0.812$。

这大约是所对应的五边形面积的 47%。

正如我们在本书开篇所说的，和五边形有关的一切，看似简单，实则不然。

注释：

1. 引用的文字出自网络文章"Chrysler's Pentastar" at https://www. allpar. com/corporate/pentastar. html。

2. 关于大五星旗(the Great Star Flag)的介绍选自以下4篇网络文章：

（1）"Samuel Chester Reid" at https://en. wikipedia. org/wiki/Samuel _ Chester _ Reid；

（2）"Flag of the United States" at https:// en. wikipedia. org/wiki/Flag_of_ the_United_States；

（3）"Rare Flags" at http:// www. rareflags. com? RareFlags_ Collecting_GreatStar. htm；

（4）"20 Star Flag—(1818—1819)(U. S.)" at https://www. crwflags. com/fotw/flags/us-1818. html.

花絮 3 与五边形有关的数学趣题

20 世纪和 21 世纪初的数学爱好者们一定听说过加德纳(Martin Gardner, 1914—2010)的大名。加德纳没有受过正统数学训练,但他天赋过人,撰写了无数数学趣题作品,并为《科学美国人》(*Scientific American*)杂志撰写《数学趣题》专栏。在 19 世纪和 20 世纪初,英国也有这样一位受到读者热烈追捧的数学趣题大师,他的名字叫作杜德尼(Henry Ernest Dudeney, 1857—1930)。和加德纳一样,杜德尼没有受过正统的数学训练,但对于数学难题,他总能另辟蹊径地找到解法。他一共写了六本数学休闲读物,不仅收录了数百道数学趣题,还为其中不少题目配上了有趣的手绘插图。他最早出版、也最负盛名的作品《坎特伯雷趣题集》(*The Canterbury Puzzles*)[1] 中化用了乔叟(Chaucer)在《坎特伯雷故事集》(*Canterbury Tales*)中所创造的人物形象。下面的这些数学趣题全都出自《坎特伯雷趣题集》,答案见附录 E。

• 水手的趣题

有这样一位水手,驾驶着心爱的小船"马格达伦",来往于各个海港之间。对于这些海港,他熟悉得不能再熟悉:瑞典的哥特兰、西班牙的菲尼斯特雷角、法国的布列塔尼……有一天,水手提出了这样一道难题:

地图(图 S3.1)上有十条航线,连接着五座小岛,每年我都要去这些小岛与岛上居民交易。这十条航线,每年我都一条不落地走完;但是,我绝不会在同一年里两次踏上同一航线。在座的各位,请问:当我每年驾驶着心爱的"马格达伦"号从同一座小岛出发,有多少种走法完成我的航行?

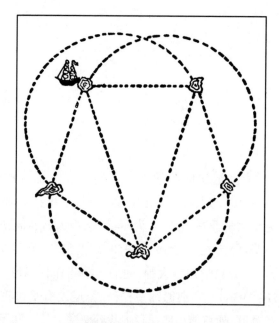

图 S3.1 水手的趣题

• 庄稼汉的趣题

英国诗人乔叟写了一首诗来赞美庄稼汉是"真正的良善之人,生活在爱与和平之中"。一位庄稼汉抱怨这诗太拗口,像他这样"没脑子"的人可听不懂。不过,他又说庄稼汉里也有聪明人,他曾听村里的邻居们讨论过这样一道题:

我居住的萨塞克斯郡有一位贵族,他的庄园里有 16 棵美丽的橡树。这 16 棵橡树排成了 12 条直线、每条直线上有 4 棵树。有一天,一位智者路过庄园,表示这 16 棵橡树还可以排成 15 条直线、每条直线上还是有 4 棵树。你知道这是怎么回事吗?要知道,很多人都不相信呢!

图 S3.2 画出了 16 棵橡树排成 12 条直线、每条直线上有 4 棵树的情形。亲爱的读者,你知道它们是如何排成 15 条直线的吗?

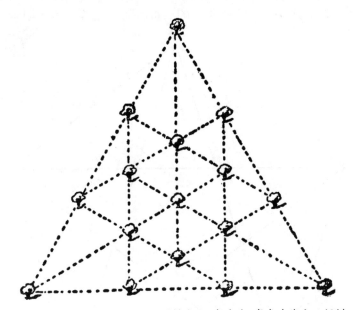

图 S3.2　庄稼汉的趣题:16 棵树排成 12 条直线,每条直线上 4 棵树

下面一道题出自杜德尼的第二本书《数学中的娱乐》[2]:

● 五边形和正方形

我很好奇,那些原本并不热衷研究几何学的读者,在突然被要求画出正五边形的时候,是否能够做到呢? 画正六边形是很容易的……但画正五边形的难度不可同日而语。接下来的题目涉及分割一个正五边形,所以我想还是先对几何涉足不深的读者们讲讲如何画出正五边形。(随后,作者杜德尼介绍了本书第 4 章所讨论的正五边形的构建方法。)

现在,读者你已经画出了属于自己的正五边形,那么你能不能把这个正五边形剪成若干小块,然后将它们拼成一个正方形呢? 记住,被剪成的小块数量要尽可能少。

提示:这道题并不简单,答案见本书附录 E。

• 多少个三角形

杜德尼的趣题就暂时到此为止吧！我们来看一道更简单一些的题目：在图 S3.3 中，有多少个不重复的三角形呢[3]？答案见本书附录 E。

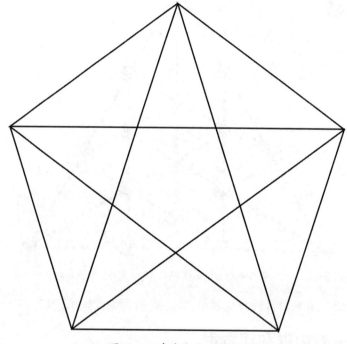
图 S3.3　有多少个三角形

•"五巧板"

在中国,有一种叫"七巧板"的益智玩具。它由 7 个形状大小不同、可以拼成一个大正方形的木块组成。"七巧板"的玩法是将这 7 个小木块拆散,重组后拼成不同的形状,如人、动物、器皿等多达数百种形状。事实上,只要充分运用想象力,就可以得到无数种可能的组合。图 S3.4 是一个简化后的"五巧板",由五个小块组成。你可以把它们组合为一个正五边形吗?本题由约斯特设计,答案见本书附录 E。

图 S3.4 拆散的"五巧板"

接下来是五边形迷宫。在户外花园迷宫中，五边形设计并不多见。实际上，英国和法国的户外花园迷宫里，叫得上名字的没有一座是五边形造型的。不过，还是有一些视觉艺术家们以书面或电子设计稿的形式创作了五边形迷宫。图 S3.5 就是这样一个例子。

图 S3.5　五边形迷宫

图 S3.6 是一幅埃舍尔风格的版画，画中有五条蛇相互缠绕，并以首尾相接的方式汇聚在版画中央，形成一个五边形。这幅版画的创作者是比利时艺术家雷德舍尔德(Peter Raedschelders)。用他自己的话说：

　　将艺术与数学结合起来是我的兴趣。我既不是艺术家也不是数学家。我创作的这些作品全都是手工绘图后再转印而成的。我的作品深受 M.C. 埃舍尔(M.C. Escher) 的启发，但我试图在其中融入埃舍尔不曾使用过的数学元素。我的作品大多是瓷画……但也有一些是视角独特的版画[4]。

图 S3.6　雷德舍尔德的《五边形》

想象一下,在正五边形的五个顶点各有一只甲虫。在信号刺激下,每只甲虫都向相邻的甲虫移动。那么,它们的爬行轨迹是什么样的?它们又会在哪里相遇?答案是:每只甲虫的爬行轨迹都是一条对数螺线,并且最终这些螺线在五边形的中心点汇聚。彩插 18 是由约斯特绘制的《黄金螺线》(*Golden Spirals*)。通过这幅作品,我们发现:想要得到一条曲线,不仅可以通过连接一系列的点,而且可以通过一系列的切线。正如本图中的螺线,它完全是由切线形成的。

彩插 19 是约斯特的另一幅作品《五边形的分形》(*Pentagonal Fractals*),展示的是环绕着中央五边形空隙的多组五边形和五角星,其中的每一组都与大的一组形状一样,但面积更小。无论你放大这幅画多少倍,甚至是无穷倍,都会发现其样式仍和最初的样式一模一样。

• 五圆问题

接下来的这道题可以说是"正儿八经"的几何题了。如图 S3.7 所示，5 个半径为 1 的圆盘以对称形式排列；它们的圆心恰好形成了一个正五边形的五个顶点，并且每个圆盘的边缘都恰好经过正五边形的质心 O。求这 5 个圆盘所能覆盖的最大圆形区域的半径（即 OA 的长度）[5]。答案见本书附录 E。

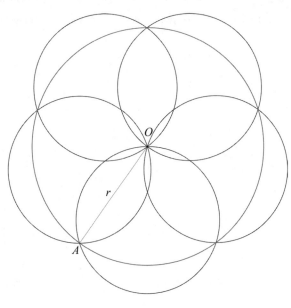

图 S3.7　五圆问题

注释：

1. H. E. Dudeney，*The Canterbury Puzzles*（New York：Dover，1958），1907 年首次印刷。

2. H. E. Dudeney，*Amusements in Mathematics*（New York：Dover，1958），1917 年首次印刷。

3. Boris A. Kordemsky，*The Moscow Puzzles*（New York：Charles Scribner's Sons，1972），pp. 2，186.

4. 引自 https：// www. leonardo. info/gallery/gallery331/raedschelders. html。

5. 引自 H. E. Huntley，The Divine Proportion：*A Study in Mathematical Beauty*，p. 45。

第7章　密铺——挑战不可能

"根本没有尝试的必要,"她说,

"人不可能相信不可能的事物。"

——卡罗尔(Lewis Carroll),

《猎鲨记》(*The Hunting of the Snark*,1876 年)

　　密铺是指用形状及大小完全相同的几种或几十种平面图形进行拼接,使彼此之间不留空隙、不重叠地铺成一片。古今中外,不知有多少能工巧匠痴迷于密铺艺术。在伊斯兰建筑文化中,密铺享有很高的地位——这一点可以从伊斯兰瓷砖的样式来证明。密铺看似简单,实际却是关于几何、初等代数、高等代数(尤其是群论)的交叉学科——想要用形状大小相同的图形密铺平面,显然是受几何规律的约束的。

　　最简单的密铺形式是用正多边形进行密铺。不过,并非所有正多边形都可以密铺——只有正三角形、正方形和正六边形可以满足密铺条件(图 7.1)[1]。

　　显然,可密铺的正多边形中没有正五边形的名字。我们只要看一眼图 7.2 就能很快明白其中的原因:正五边形的任意两条邻边所组成的夹角是108°,于是共用同一顶点的若干正五边形,在该顶点形成的角,一定是108°的整数倍。我们都知道,一条射线绕着端点旋转一圈形成

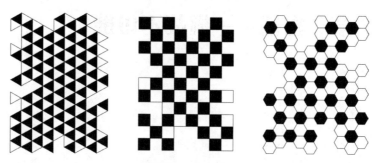

图 7.1　可密铺的三种正多边形

的角是 360°，所以只有当 360°正好是 108°的整数倍时，正五边形才可以形成密铺——而这显然是不成立的。通过这一方法，我们同样可以证明，除 $n=3$、4、6 外，其他的正 n 边形（n 条边所组成的正多边形）都不能密铺。

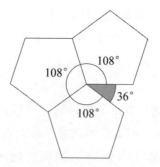

图 7.2　正五边形不能密铺平面

不过，如果我们把限制条件中的"正五边形"放宽为"五边形"，结果会怎样呢？在长达数百年的时间里，艺术家们、工匠们和数学家们始终在孜孜不倦地寻找更多满足条件的五边形。这样的五边形显然是存在的，图 7.3 就给出了其中一种。这种五边形形状像是儿童简笔画里的"房屋"，底下是一个正方形的"房间"，上面的"屋顶"是顶角为 90°的等腰直角三角形。这种五边形不仅可以密铺整个平面，而且有不止一种的方式（图 7.3 展示了其中两种）。

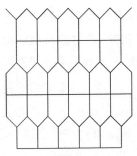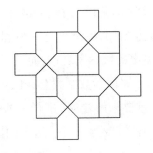

图 7.3 不规则五边形的两种密铺方式

德国数学家莱因哈特（Karl August Reinhardt，1895—1941）开启了"可密铺五边形"的系统研究。20 世纪初叶，希尔伯特（David Hilbert）是欧洲最为杰出的数学家之一，而莱因哈特的工作就是当希尔伯特的助手。1900 年，第二届国际数学大会在巴黎举行。会上，希尔伯特就"当今数学界的 23 条重要未解之谜"进行了演讲，其中的第 18 条就是关于二维、三维空间内的密铺问题。对于这个问题，莱因哈特产生了极大的兴趣。在 1918 年，莱因哈特发现了五种可密铺的凸五边形（凸五边形的意思是五边形的每个内角都小于 $180°$）。他使用边和角的关系来描述这五种可密铺五边形。例如：第 1 种，$\beta+\gamma=180°$，而 $\alpha+\delta+\varepsilon=360°$，其边长可以是任意的；第 2 种，$\beta+\delta=180°$，而边长 $c=e$（在这里，我们假设五边形的五个角按照顺时针方向依次为 α、β、γ、δ、ε，同样顺序和起点的五条边依次是 a、b、c、d、e）。图 7.4 展示了第 1 种可密铺五边形的三个具体例子。需要注意的是，形成密铺的不是"某一种五边形"，而是这种五边形"按照什么方式组合"，从而形成密铺[2]。

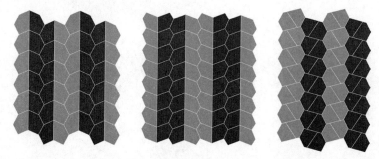

图 7.4　第 1 种可密铺五边形的三个示例

很多人认为莱因哈特已经把所有可密铺五边形都找出来了，但事实并非如此。到了 1968 年，约翰斯·霍普金斯大学的克什纳（Richard B. Kershner）又发现了三种可密铺的凸五边形。克什纳还证明：当 $n>6$ 时，不存在可密铺的凸 n 边形。也就是说，所有凸多边形中，只有三角形、四边形、五边形和六边形有可能密铺，而其他凸多边形是不可能密铺的。在发表这一研究结论的文章中，克什纳自信满满地宣称，他已经穷尽了所有可密铺的凸五边形。不过，他省略了证明过程，表示"那太冗长了"[3]。

1975 年 7 月,已经极负盛名的数学趣题大师加德纳在《科学美国人》的数学专栏中撰文讲述密铺问题。这篇文章在学术界和业余数学界掀起了一股"密铺"热潮。巧合的是,同年 12 月,一位名叫詹姆斯(Richard James)的计算机程序员发现了一种新的可密铺五边形,将可密铺五边形的纪录刷新到 9 种。

接下来就是赖斯(Marjorie Rice,1923—2017)的传奇故事了。赖斯居住在圣地亚哥,是一位家庭主妇,日常需要照看 5 个孩子。她只上过一年高中数学课程,可以说没有系统地学习过数学。在读到加德纳的文章后,她在厨房的台面上玩起了五边形密铺的游戏。连她自己也没有想到,她居然发现了四种全新的可密铺五边形。赖斯将信将疑地将自己的发现写信寄给了加德纳,而加德纳又转寄给了宾夕法尼亚州摩拉维亚学院的数学教授、密铺学领域的专家莎特施耐德(Doris Schattschneider)。莎特施耐德教授花了一些时间弄懂了赖斯使用的自创标记,最终肯定了赖斯的发现。

不过,赖斯并不满足于发掘"平平无奇"的可密铺五边形。在密铺学大师埃舍尔作品的启发下,她尝试用更为生动的形式来表达自己的发现,例如把她的几何学发现转化为花朵、蝴蝶、蜜蜂等独特的艺术形式(图7.5)。为了纪念赖斯的成就,美国数学协会在 1999 年将她发现的一种可密铺五边形制成釉面瓷砖,铺设了该协会位于华盛顿特区的办公室门厅地面(图 7.6)。

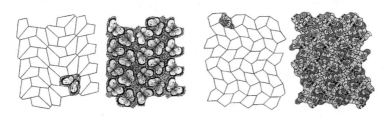

图 7.5　赖斯将其发现的两种可密铺五边形转化为艺术形式

赖斯活到了 94 岁高龄。尽管健康状态每况愈下,晚年的她仍得以见证另外两种可密铺五边形的发现:1985 年,施坦因(Rolf Stein)发现了一

图7.6　美国数学协会以门厅瓷砖的形式纪念赖斯的发现

种;2015 年,华盛顿大学博塞尔校区的曼(Casey Mann)、麦克劳德曼(Jennifer Mcloud Mann)和冯·德拉乌(David von Derau)合作发现了另一种。这样一来,可密铺五边形的总数已达 15 种。在赖斯去世后的一个月,即 2017 年 8 月 1 日,来自法国国家科学研究中心(CNRS)和里昂高等师范学院的数学家拉奥(Michaël Rao,1980—至今)用计算机穷举法表明,可密铺五边形的总数就只有这已被发现的 15 种[4]。至此,对于可密铺五边形的漫漫取经路终于圆满结束,从 1918 年莱因哈特首次提出可密铺五边形开始,直到 2017 年证明全部可密铺五边形的总数为 15 种,这一过程历经整整一百年。图 7.7 列出了全部 15 种可密铺五边形及其特征。需要注意的是,在某些类型中,五边形各角的值并不唯一,但其相对关系是确定的。因此,这些类型的五边形实际是一组内角拥有共同规律的、"连续的、可变的"五边形[5]。

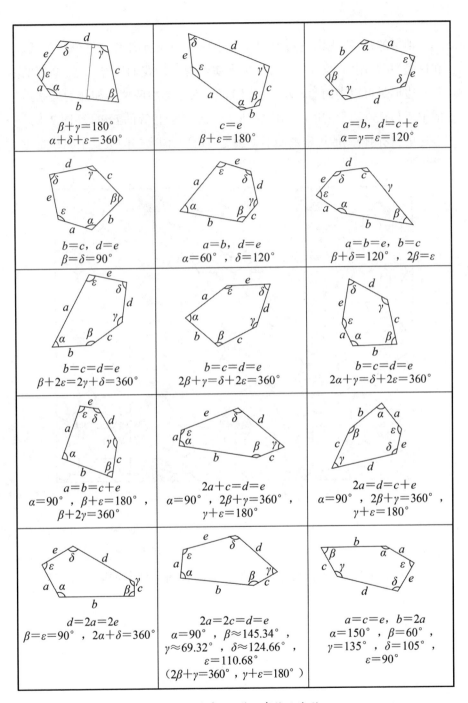

图 7.7　全部 15 种可密铺五边形

神奇的是,不规则五边形和正六边形之间还有着密不可分的关系。在这里,我要用"逆向工程"的方法来演示说明。我们已经知道,全等的正六边形是可以密铺的。现在,我们将正六边形中两两不相邻的三条边的中点与正六边形的中心相连接,形成三个完全相等的五边形(图7.8)。在这里,我们得到的可密铺图形虽然是五边形,但密铺的重复单元却是正六边形。

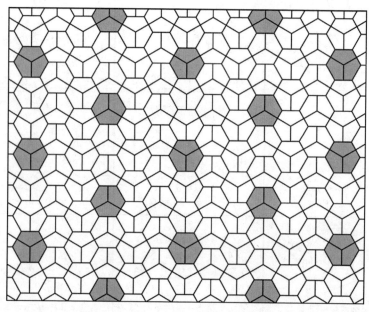

图7.8 五边—六边形密铺

另一种五边—六边形密铺叫作"开罗密铺"——这种密铺方式在中东和北非地区的清真寺中非常常见,故而得名。开罗密铺的重复单元是一种特殊的不规则六边形,它由四条相等的长边和两条相等且相对的短边构成(图7.9)。

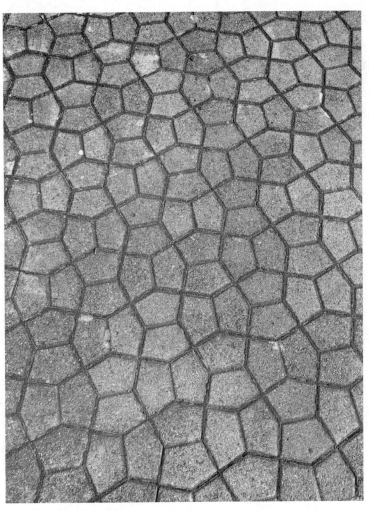

图 7.9 人行道上的"开罗密铺",瑞士因特拉肯市马腾村

已知的 15 种可密铺五边形都能构建出具有平移和对称特性的重复单元。然而，即使不平移重复单元，我们仍然可以构建出密铺效果，而且还能创造出更多可能的密铺。图 7.10 就是这样一个例子：这是由可密铺五边形组成的六重旋转对称。此时，整个平面仍然由完全相同的五边形形成密铺，但并不存在可平移的"重复单元"。

图 7.10　由完全相同的五边形构成的环形密铺

截至目前,我们讨论的密铺都是基于欧几里得平面的平面密铺。不过,这并不是说密铺只能发生于"平面"上,它还可以发生在空间里。我们第一个想到的就是足球(图7.11),它的表面有12个正五边形,每个正五边形又与相邻的五个正六边形共用棱(总共有20个正六边形)。实际上,足球的形状是其内接半正多面体在球体表面的投影。半正多面体也称"阿基米德多面体",是由边数不全相同的正多边形为面组成的多面体。阿基米德发现了全部13种半正多面体[6]。

图7.11 半正多面体和足球

在双曲几何中,空间是向外张开的。于是,从我们的角度来看,位于双曲平面中心附近的正五边形很大,越靠近边界圆的正五边形越小;而从双曲几何的角度来看,所有正五边形的大小都是一样的。所以在图7.12这样一个"圆盘"中,可以包含无穷个正五边形,即在双曲平面里,正五边形是可以密铺的。当然,不规则五边形也可以在双曲平面中密铺。图7.13展示了双曲平面下由不规则五边形构成的奇特密铺,它具有七重对称性。在非欧几何的二维平面里,存在着欧式几何平面中不可能发生的"奇迹"。

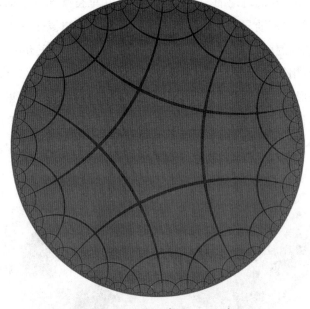

图 7.12　双曲平面中的五边形密铺

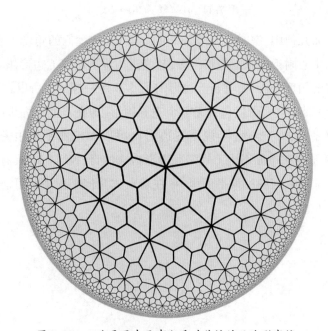

图 7.13　双曲平面中具有七重对称性的五边形密铺

截至目前，我们讨论的密铺都是基于"完全相同的凸五边形"的情形。不过，如果我们将五边形与其他凸多边形进行组合的话，一个全新的、充满更多可能性的世界就向我们打开了大门，令无数数学家、理论物理学家们沉醉不已。彭罗斯爵士（Sir Roger Penrose，1931— ）就是其中一位。在1970年代，他尝试将五边形与其他多边形组合。最初，这不过是他的一时兴起。可后来，他却终身痴迷于此。在1974年，彭罗斯发现了一种仅由"一胖一瘦"两种菱形组合成的密铺。令他惊讶的是，这两种形状可以以"非周期性"的形式进行密铺（非周期性的意思是说它不存在可平移、可重复的密铺单元），而整个密铺结构却可以围绕其中心具有五重、十重对称性[7]。彩插13展示了位于以色列雷霍沃特威茨曼科学研究院克洛雷科学园的一幅精美壁画，其中就运用了这种密铺。

彭罗斯还将顶角为108°的菱形分为两部分，得到两个四边形："风筝"和"飞镖"。"风筝"的4个内角分别为72°、72°、72°和144°；"飞镖"的4个内角分别为36°、36°、72°和216°。如果将"风筝"沿对称轴再分为两部分，就可以得到两个黄金三角形（其内角为72°、72°和36°，见图7.14和彩插14）。在我们离正五边形主题"偏题"了整整一章后，黄金三角形终于又回归了我们的视线。

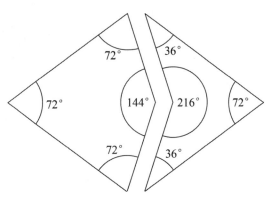

图7.14 "风筝"和"飞镖"

密铺可以说是数学与艺术之间最为显而易见的联结。虽然莱因哈特率先提出了15种可密铺五边形的前5种。不过，在更久更久以前，艺术家们、工匠们就已经将这些形状运用到建筑物墙面和地板的拼砌中。在伊斯兰清真寺建筑中,密铺的使用尤为常见。伊斯兰教禁止人脸出现在艺术作品中,于是穆斯林艺术家们想到了用密铺来表现神的无处不在。彩插 15 展示了比比哈努姆清真寺内的古代密铺砖石,比比哈努姆清真寺位于乌兹别克斯坦撒马尔罕地区,始建于 15 世纪。这组密铺具有非周期性,由近乎于正五边形的五边形和不规则六边形(包括一些凹六边形)密铺而成,呈现出绚丽夺目的光彩[8]。

注释：

1. 实际上，**任何**三角形、**任何**四边形都可以密铺平面。

2. 关于莱因哈特，这里还有一则有趣的题外话：他在潜心研究密铺问题的同时，还在多所高中担任数学老师。1934 年，莱因哈特还出版了一本教材《高等数学的方法学导论》（A Methodical Introduction to Higher Mathematics）。在这本教材中，莱因哈特表示相比于"曲线的斜率"，学生们更容易理解"曲线下的面积"的概念。所以，他认为学生应该先学积分，后学微分，而今天的学生是先学微分，后学积分。来源：J. J. O'Connor and E. F. Robertson，"Karl August Reinhardt，"at http:// mathshistory. st-andrews. ac. uk/Biographies/Reinhardt. html。

3. 请参见：R. B. Kershner，"On Paving the Plane，"*American Mathematical Monthly*，vol. 75，no. 8，October 1968，pp. 839−844；网址：https://mth487. files. wordpress. com /2015/10/on-paving-the-plane_kershner. pdf。

4. 截至本文发稿之时，拉奥的计算机穷举法仍有待其他研究者的独立验证。

5. 密铺的这段历史选自以下几篇网络文章：

① "Pentagonal Tiling Proof Solves Century- Old Math Problem" by Natalie Wolchover，网址：https://www. quantamagazine. org/pentagon-tiling-proof-solves -century-old-math-problem-20170711/；

② "Marjorie Rice's Secret Pentagons" by Natalie Wolchover，网址：https://www. quantamagazine. org/marjorie-rices-secret -pentagons-20170711/；

③ Doris Schattschneider，"Marjorie Rice（16 February 1923−2 July 2017），"*Journal of Mathe matics and Art*，vol. 12，no. 1，2018，pp. 51−54；网址：https://www. tandfonline. com/doi/full/10. 1080/17513472. 2017. 1399680？ src = recsys。

此外，"Pentagonal Tiling"（https://en. wikipedia. org/wiki/Pentagonal_tiling）不仅提供更多可密铺五边形的例子，还以动画形式演示为何某些种类的可密铺五边形具有无数的变化形式。

6. 第 14 种可密铺五边形是 2009 年由格伦鲍姆（Branko Grünbaum）发现的。

7. 请参见："Penrose Tiling"（https://en. wikipedia. org/wiki/Penrose_tiling）。在本书撰写期间，彭罗斯爵士因其在宇宙学方面的开创性成果而被授予诺贝尔物理学奖。

8. 请参见"New Light on Ancient Patterns" by Jeremy Manier，*Chicago Tribune*，February 23，2007。

第8章 五重辐射对称晶体

晶体是分子按一定规则有序排列的结构。我们至今还没在哪种晶体中发现正五边形的面。更准确地说,所有非生命形式的晶体都不具有五重辐射对称。从天空飘落的雪花中,没有任何一片具有正五边形结构。只有某些生物体……的某些结构才有五条一样长的边。

——史蒂文斯(Peter S. Stevens),
《自然界的图案》(*Pattern In Nature*,1974 年)

在生物界里,五重辐射对称是非常常见的——桃花、梅花等许多花朵是"五瓣花"、海星有"五个腕"。但这种对称形式在岩石、矿物组成的无机物世界里完全不存在——至少,在长达两个世纪的岁月里,物理学、矿物学、地质学界都一致认同这一点。然而,在 1982 年,事情发生了改变。

相较于历史悠远的数学和天文学而言,晶体学是一门发展较晚的新兴学科。晶体学的奠基人是两位法国人:曾任牧师的晶体学家阿羽依(René-Just Haüy, 1743—1822)和物理学家兼晶体学家布拉维(Auguste Bravais, 1811—1863)。阿羽依的一位牧师朋友收集了许多矿石。在把玩其中一块方解石时,阿羽依不慎将其掉落在地板上,把它摔成了几个小块。

不过，这场小小事故反倒成了研究晶体的契机。阿羽依观察到：这些晶体碎片的每个面都是光滑平整的，而且相邻的面之间总是呈现固定的角度。当他进一步研究其他晶体时，发现了同样的规律，即：切掉晶体外层后，保留下来的晶体总是具有光滑的平面，并且与相邻的面形成固定角度——而且，这个角度只取决于晶体的种类，与它的产地或晶体生长方式都无关。阿羽依由此提出假说：晶体的基本单元是按照特定顺序排布的原子，这些基本单元在各个方向的延伸导致了周期性的晶格结构。晶格的各个晶面具有"旋转对称性"，即在旋转特定角度后，其位置和形状保持不变。阿羽依发现，晶体的旋转对称性只存在二、三、四、六重辐射对称性。这被认为是晶体的基本法则。

接下来是布拉维的故事：1848 年，他根据晶体基本单元的几何特性，证明了晶格总共可分为十四种（图 8.1）[1]。布拉维的这套分类系统囊括了构成晶体的所有周期性晶格的结构形式。请注意，布拉维提出的晶格结构形式并没有超出 60 年前阿羽依提出的晶体对称性的范围，即没有发现新的晶体对称形式。

布拉维分类系统使我们得以一窥不同晶格的原子分布和组合形式，但若是想要知道晶格中原子的实际排布，需要用到的检测技术可远比对晶体进行简单切割要复杂得多。对此，德国物理学家冯·劳厄（Max Theodor Felix von Laue，1879—1960）可谓功不可没。1912 年，他成功拍摄了首张晶体的 X 射线衍射照片。我们可以用水面的波纹来理解波的干涉和衍射：当你朝池塘里同时扔下两块小石子时，每颗小石子都在水面产生一系列圆形波纹。当这两组水波相遇时，一些波纹因叠加而增强，另一些波纹因抵消而减弱，从而使水面产生了一系列波纹。当一束光射向有两条狭缝的不透明幕布时也会发生类似的现象：当光线穿过两条狭缝后，在幕布另一侧形成了两组光波。这两组光波相互叠加、抵消，形成了明暗相间的条纹。从理论上来讲，只需对这些条纹进行解读，就可以反推出这两条狭缝的几何学特征，例如两者的空间角度和相互之间的距离。

在实际操作中，衍射的发生条件是障碍物或小孔的几何尺寸必须小于波长，上文介绍的双缝实验中的狭缝亦是如此。实际上，狭缝越细，观

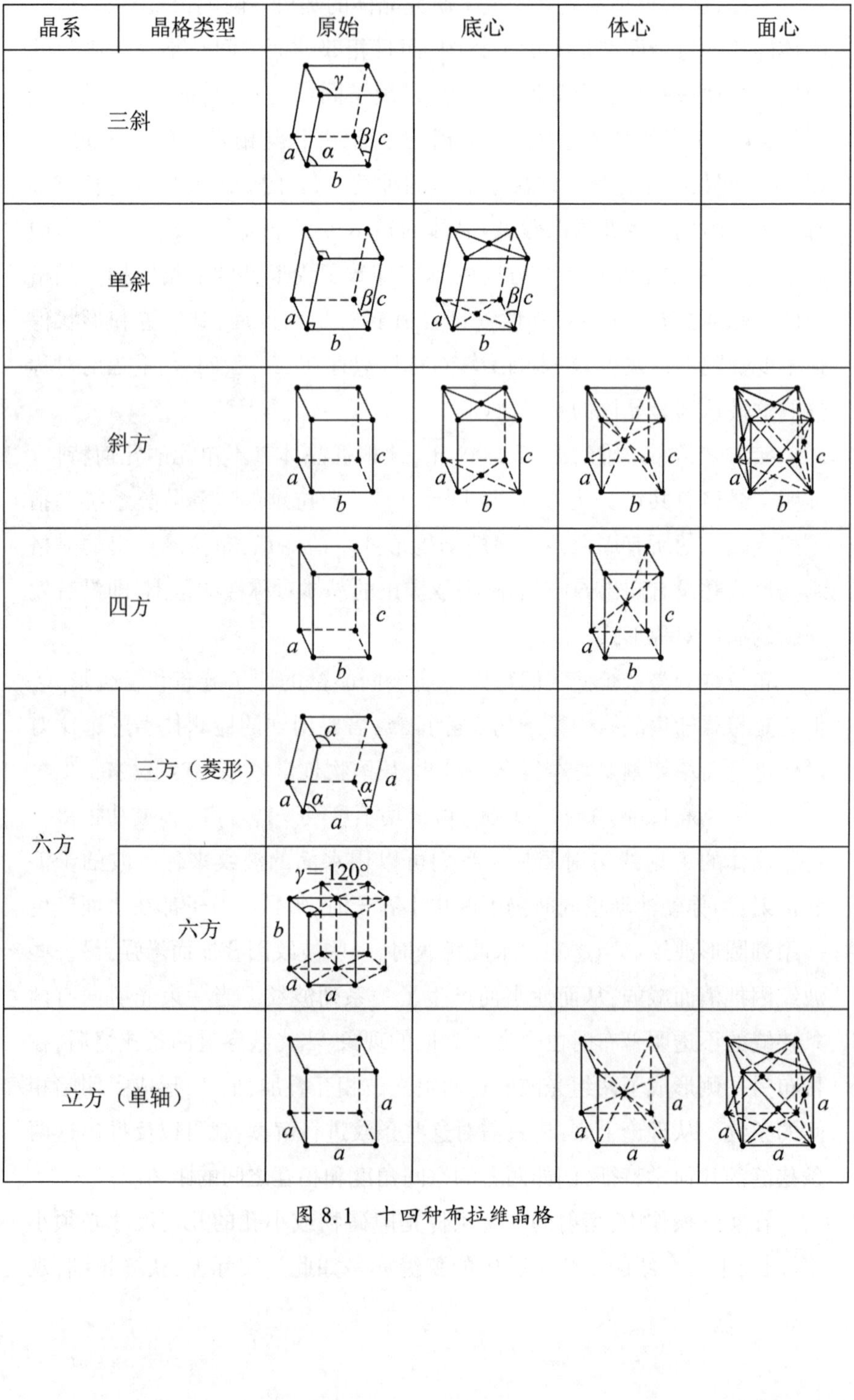

晶系	晶格类型	原始	底心	体心	面心
三斜					
单斜					
斜方					
四方					
六方	三方（菱形）				
	六方				
立方（单轴）					

图8.1 十四种布拉维晶格

察到的条纹就越明亮。冯·劳厄想到用 X 射线进行实验来观察晶体的原子结构的时候,距离伦琴(Wilhelm Röntgen)发现 X 射线仅仅过了 10 年[2]。晶体中的原子有许多"层",它们平行地排布于一组组相互平行的面上,从而形成有效的衍射光栅。当光束照到相互平行的临近平面上,就形成了相互干涉的两束光(图 8.2)。1912 年,冯·劳厄将 X 射线对准一块硫化锌晶体,并拍照记录其衍射条纹,这是人类首次获得晶体的原子结构照片(图 8.3)。这次大胆的创新为冯·劳厄赢得了 1914 年诺贝尔物理学奖[3]。

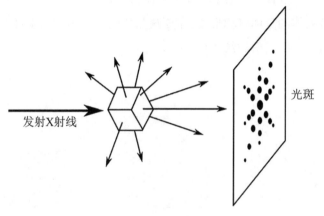

图 8.2 衍射条纹

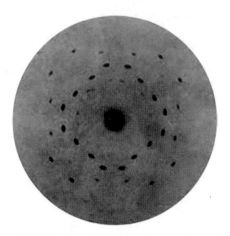

图 8.3 一张具有四重辐射对称性的冯·劳厄晶体衍射照片

不过,要注意的是,通过 X 射线衍射拍摄到的图像并非原子的真实排布,而是双缝干涉后波叠加(相长干涉)而产生的斑块。和二维栅格不同之处在于,当射线从不同角度射入三维晶体时,会表现出不同的对称性。例如,一个正立方体的每个面都是四重辐射对称的。图 8.4 中带箭头的虚线表示你的目光方向。在图 8.4a 中,这条虚线经过立方体上、下两个面的中心点,与上表面垂直,这时我们很容易观察到它的四重辐射对称;在图 8.4b 中,这条虚线经过相对两条棱的中心点,与上表面呈 45°倾角,这时我们只能观察到它的二重辐射对称;在图 8.4c 中,虚线是立方体相对两个顶点的连线,这时我们观察到的竟然是三重辐射对称[4]。因此,想要了解晶体的具体对称形式,需要从晶体的不同角度拍摄许多照片,得到不同角度下的衍射波纹才行。

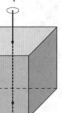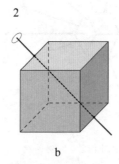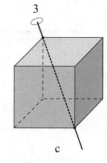

图 8.4　立方体的对称性

此后的几十年里,晶体学家们通过 X 射线和后来的电子显微镜(利用电子束的波粒二象性成像)拍摄了不计其数的晶体照片。正如阿羽依和布拉维预测的那样,所有这些晶体都只具有二、三、四、六重辐射对称性,无一例外。

转眼就是 1982 年。以色列理工学院(以色列首屈一指的理工院校)的谢赫特曼教授(Dan Shechtman,1941—   )前往位于美国马里兰州巴尔的摩市的约翰斯·霍普金斯大学进修。在那里,他加入美国华盛顿特区国家标准局的一支研究队伍。他们的研究对象是能够快速从液态转变为固态的铝合金材料。谢赫特曼使用电子显微镜(电子束的波长比 X 射线更短,因此可探测更微观的结构)照射 Al_6Mn 时,得到了惊人的发现:这种可快速凝固的合金材质的衍射图案具有十重辐射对称性(自然而然地,它也就具有五重辐射对称性,见图 8.5)。谢赫特曼后来回忆说,这一发现如此令人惊讶,以至于他在实验记录本上打了三个大大的问号。当然,这一结果再怎么令人惊讶,也不能改变事实:具有五重辐射特性的晶体真的存在!阿羽依的论断——晶体只可能具有二、三、四、六重辐射对称性——是错的!

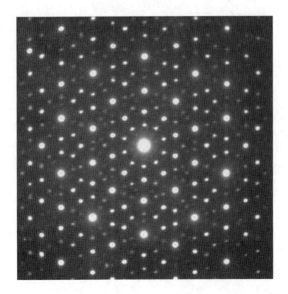

图 8.5　谢赫特曼拍摄到的具有十重辐射对称性的衍射图像

不过,这种具有五重辐射对称性的晶体并不是普通的晶体,而是处于"具有周期性重复特征的典型晶体"和"原子无规律排布的液体"的中间状态。严格意义上来说,它并不具有周期性特点,而是既"有序地布满整个空间,并且不留缝隙",又"不具有平移对称性"。这些晶体的排序方式,颇似本书第 7 章中所介绍的彭罗斯密铺。

　　谢赫特曼的发现引起了很大的轰动——或者说,引起了很大争议。他的同事、同行一再否定他、斥责他,表示五重辐射对称的晶体压根不可能存在。谢赫特曼不仅遭受了学术泰斗们的反对,例如曾两次获得诺贝尔奖的著名化学家、量子化学和结构生物学先驱鲍林(Linus Pauling)的反对,而且连自己团队的同事们也嘲笑他。他所在的课题组负责人甚至要求他离开团队。不过,当他在 1984 年发表了研究结果后,其他科学家复现了他的结果。最终,谢赫特曼在 2011 年获得了诺贝尔化学奖。为了纪念谢赫特曼的这一发现,以色列邮政管理局发行了一张邮票,票面上是一组逐渐淡化的五边形(彩插 16)[5]。

某种程度上来说,谢赫特曼的研究对象的并非天然产物,而是由实验室合成的人造合金。这种合金在自然界是否存在呢?对于这个问题,斯坦哈特(Paul J. Stein hardt, 1952—)非常感兴趣。斯坦哈特起初是美国宾夕法尼亚大学的物理学教授,后来在普林斯顿大学从事宇宙科学研究。受到彭罗斯密铺的影响,斯坦哈特对晶体学产生了兴趣。他与当时在宾州州立大学进行博士后研究、后来成为以色列理工学院物理学教授的莱维内(Dov Levine, 1958—)开展了合作。他俩起初用泡沫塑料制作各种立体模型,使它们形成具有周期重复性的结构。最令他俩感兴趣的是正二十面体,它由 20 个完全相等的正三角形构成,是五种柏拉图立体中的一种(见图 1.4 中最后一个)。从正对某个顶点的角度看去时,正二十面体会呈现出五重辐射对称(图 8.6)。而在阿羽依和布拉维的分类中,这种对称性本不该在晶体中存在。

图 8.6　正二十面体的五重辐射对称性

经过反复实验,斯坦哈特和莱维内发现正二十面体是可以形成晶格的,但前提条件是与其他物质结合。即使如此,它们所形成的经过也并不具有晶体的典型可平移对称性,而是符合特定的非周期性有序规律,类似二维平面中的彭罗斯密铺。具有这种晶格的物质被称为"准周期晶体",或者简称为"准晶体"。

要证明这类准晶体的存在,只有泡沫塑料模型是远远不够的。于是,他俩利用计算机建模的方式,模拟出能够快速从液态转变为固态的铝锰合金材料的衍射图案。1984 年,谢赫特曼发表了他得到的衍射照片,这与斯坦哈特和莱维内得到的理论模型完全吻合。虽然两个研究课题组相距不过几百公里，但此前互不相识，也并不知晓对方的研究内容；然而，这两个课题组一个从纯理论角度，一个从实践角度，在几乎同一时间得到了相互呼应的结果——对于科学研究来说，实在是再幸运不过了。

故事到此并没有结束。斯坦哈特和谢赫特曼的两个课题组研究的都是准晶体合金，属于实验室合成的人造物。那么，自然界里是否存在这样的准晶体呢？于是，斯坦哈特转而研究起这一问题，从宇宙学家摇身一变成了矿物学家。他在全球各地的矿物样品中大海捞针，试图找到准晶体的踪迹。功夫不负有心人，意大利佛罗伦萨大学自然博物馆的矿物学家宾迪（Luca Bindi）在学院藏品中发现了一件仅 3 毫米宽的 $Al_{65}Cu_{20}Fe_{15}$ 合金样品（$Al_{65}Cu_{20}Fe_{15}$ 表示了该合金的物质组成，即其中铝、铜、铁的原子数之比为 65∶20∶15），并将这一样品寄给了斯坦哈特。斯坦哈特用电子显微镜观测样品后证实，它确实具有正二十面体的对称性。

那么，这件样品在被佛罗伦萨大学收藏之前，又来自哪里呢？关于它的出处没有详细记载，只有一张语焉不详的小纸条表明它可能来自遥远的西伯利亚。斯坦哈特沿着这一丝线索，拜访了六七个国家的无数"相关人士"。最终，他打听到了矿石的发源地：距离北极圈以南不远处、东西伯利亚地区堪察加半岛的一条小溪。至此，斯坦哈特要做的就是，在矿石的发源地组织实地地质勘察，找寻这种稀有矿石样本。最终，在经历了蚊子、棕熊等重重考验后，斯坦哈特等人找到了那条小溪，并且采集到了他所需要的矿石标本——一种罕见的珍稀合金。大功告成！勘探队举杯痛饮，庆祝胜利！此时已是 2011 年的夏天，距离谢赫特曼首次发现准晶体已经过去将近 30 年。巧合的是，也正是在这一年，谢赫特曼获得了诺贝尔化学奖。

那么，这种矿石又是如何形成的呢？实验室的快速冷却过程可以制造出这种准晶体，但自然界极少有这样的快速冷却条件。不过，这种准晶体也可以由巨大的冲击力而产生——例如陨石撞击地球，在短时间内释放大量能量并产生巨大的压力。这就令我们立刻想到月球表面那许许多多坑坑洼洼的凹坑。根据"阿波罗"号宇宙飞船带回的月球样本，我们知道这些数以万计的月坑多是在地月诞生之初由陨石撞击月球表面造成的。地球上也有过类似的事件，但自然侵蚀抹去了绝大多数撞击痕迹。所以，这个来自堪察加半岛的矿石标本，很可能是远古时期陨石撞击事件的珍贵遗迹。

在此期间,人们还陆续发现了许多种其他的准晶体合金,它们的晶格同样具有正二十面体对称性。比如,在 1987 年,日本仙台市日本东北大学的蔡安邦(An-Pang Tsai)及其团队发现了一种铝铜铁准晶体合金 $Al_{65}Cu_{20}Fe_{15}$,其晶面具有完美的正五边形结构[6]。10 年后,斯坦福大学的费舍尔(Ian Fisher)团队发现了另一种准晶体 $Ho_9Mg_{34}Zn_{57}$(Ho 是一种十分罕见的镧系稀土元素钬,其质子数为 67,Mg 和 Zn 分别指镁和锌)[7]。图 8.7 中的这枚晶体虽然仅有 2.2 毫米宽,但从图中我们可以清晰地看到其完美的五边形特征。不久以后,人们还发现有些准晶体具有的几何对称性是此前被认为不可能存在的。这类准晶体不仅在后来变得司空见惯,而且人们还将其投入了实际应用:例如某些煎烤锅内的不粘涂层,其材质就是准晶体。在 20 世纪中叶,塑料引领了一场翻天覆地的工业变革[8],准晶体会在未来掀起一场类似的变革吗?让我们拭目以待。

图 8.7　准晶体 $Ho_9Mg_{34}Zn_{57}$

注释：

1. 请参见："Crystallography— Defining the Shape of Our Modern World" by Vera V. Mainz and Gregory S. Girolami，网址：http://scs.illinois.edu/xray_exhibit/。这篇文章写道："最近的研究显示：弗兰肯海姆在 1826 年、埃塞尔在 1830 年均在他（布拉维）之前得出同样结论，但布拉维对结论进行了严格论证，并且引起了学术界的关注，所以布拉维仍然可以说是实至名归。"

2. X 射线的波粒二象性是指其既表现出粒子的特性，又表现出波的特性。X 射线的波长很短，介于 10^{-9}—10^{-6} 厘米之间。

3. 冯·劳厄虽然是德国科学家，但在"二战"期间积极反对纳粹政治。他从 1919 年起在德国柏林大学任职，在 1943 年，他在一次抗议行动中辞去了该职务。"二战"结束后，他在德国慕尼黑的马克思-普朗克研究所担任所长。

4. 当我还是物理学系的本科生时，我第一次"发现"了这一点：如果忽略立方体的各条棱，只是从空间对角线的角度观察时，"立方体"看上去是一个"六边形"。这颠覆了我此前对于"立方"的所有认知，我至今还记得当时感受到的震撼。

5. 2019 年，谢赫特曼教授在耶路撒冷的贝京中心举行了一场公开演讲，我和太太有幸参与此次盛会。在演讲的前半场，谢赫特曼教授深入浅出地介绍了晶体的结构和它们的对称性。随后，他谈到了他由于研究结果违背了学术"常识"而多年受到同事的打压、嘲弄。谈到鲍林时，谢赫特曼表示："他骚扰了我整整十年，直到 1994 年他死了，才终于停止（骚扰）。"（以上是作者对谢赫特曼希伯来语演讲所做的翻译）。在会后，我们与谢赫特曼进行了简短对话，他表示非常高兴看到以色列理工学院校友来聆听他的演讲（我和我太太也毕业于以色列理工学院，比他早一年毕业）。

关于谢赫特曼的发现，2011 年的这篇文章给出了很详细的介绍："Quasicrystals Scoop Prize" by Laura Howes at https://www.chemistryworld.com/features/quasicrystals-scoop-prize/3004748.article。

6. "A Stable Quasicrystal in Al-Cu-Fe System" at https://iopscience.iop.org/article/10.1143/JJAP.26.L1505/meta.

在本文撰写期间，我们惊闻蔡安邦教授逝世的噩耗，享年 60 岁。蔡安邦的生平事迹请见：https://www.iucr.org/news/newsletter/volume-27/number-2/an-pang-tsai。

7. 这个化学式中，三个元素后面跟随的数字并不代表由相应数量的原子组成了分子，因为根据费舍尔的解释"准晶体并非由一个个分子组成，所以这里的数字代表的是组成中元素的百分比"。

8. 本章引言节选自：*The Second Kind of Impossible: The Extraordinary Quest for a New Form of Matter* by Paul J. Steinhardt。

花絮 4 未解之谜

圣皮埃尔大教堂坐落于瑞士日内瓦。1982 年,人们在对该教堂进行修复时,意外发现了一件公元 4 世纪的古罗马文物——一枚正十二面体金属物件。它的内部是铅制的,表面则是银的,而且十二个面上刻着代表十二星座的字符(图 S4.1)。这枚"日内瓦十二面体"总重 297 克,宽 35毫米,每个面的边长是 15 毫米。

图 S4.1 日内瓦十二面体

毫无疑问,"日内瓦十二面体"是一项重大发现。可它到底是什么,又是用来干什么的呢? 由于缺乏相应的文字记载,我们至今也不知道它的来历和用途——有人猜测它是宗教法器,有人说是饰品,还有人认为这是一枚骰子,能用来产生 1—12 的随机数。

图 S4.2　日内瓦十二面体的十二个面

在"日内瓦十二面体"之前,世界各地也曾出土过其他十二面体文物。早在 1739 年,德国就曾出土过一件十二面体文物,而且制作极其精良。此后,在古罗马帝国西北部疆域范围内,陆续出土了一百多件类似文物。这些文物被统称为"高卢-罗马十二面体"。它们常以铜合金制成,大小在 4—11 厘米,具有十二个面,每个面中间是一个圆孔,内部则是空心的——这些"高卢-罗马十二面体"的孔径不尽相同,有些大、有些小。从这一点看,它们或许是编织工具,又或者是穿戴在手掌上的防御或进攻武器。当然,它们也可能只是装饰品或护身符而已。有些"高卢-罗马十二面体"在出土时,旁边还有古罗马钱币。这就说明这些十二面体具有很高的价值,对主人至关重要。此外,在德国的阿尔洛夫镇还出土了一枚正二十面体。如今,德国波恩的莱茵尼斯兰德斯博物馆收藏了这枚正二十面体和若干枚十二面体,不过,它们的确切用途至今仍然是个谜。

为什么制作这些物件的工匠们选择了十二面体造型,而不是更为简单的立方体或者正八面体?答案也许是因为正十二面体在古希腊神话中具有特殊地位。正多面体统称为"柏拉图立体",而柏拉图本人认为正四

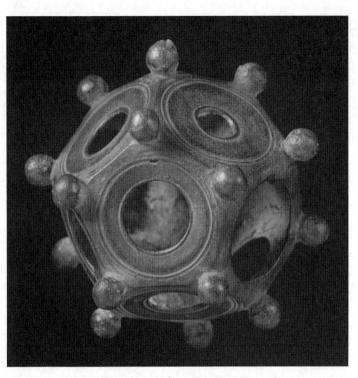

图 S4.3　高卢–罗马十二面体

面体、正六面体(立方体)、正八面体和正二十面体分别象征着火、土、气和水,而这四者则是毕达哥拉斯学派眼中的"宇宙构成四要素"。可是,这样一来的话,由十二个正五边形构成的正十二面体又代表了什么呢?毕达哥拉斯学派给出的答案是:代表整个宇宙——尤其是,正十二面体的十二个面正好能够代表十二星座。所以,顺应了天意的正十二面体也就被赋予了神秘的色彩。古罗马人自诩为古希腊文化的继承者,自然也就在艺术和工艺品中沿用了正十二面体造型。

第9章　五角大楼

建筑是检验民族性的最佳试炼。

——普雷斯科特(William Hickling Prescott)，

《秘鲁征服史》(*The Conquest of Peru*，1847年)

五重辐射对称的晶体不常见，同样地，五重辐射对称的建筑也不常见。显而易见的原因之一就是：正五边形无法在平面中形成密铺(所以五边形的建筑对空间的利用率不高)；另一个原因是我们的家具产业通常都是基于矩形房间来设计、生产家具的，很难和五边形的房间相匹配。此外，人类对于空间、方位的感知是基于前后左右这四个方位的，所以转角为90°的十字路口令人感觉很自然，但转角为60°的路口就容易令人迷路。比如，第一次到华盛顿特区的游客非常容易迷路，就是因为街区既呈长方形，又叠加了60°放射状的街道！

不过，正如晶体中存在着五重辐射对称的例外一样，人类建筑里也不乏这样的"例外"。而且，物以稀为贵。正因为五边形建筑十分罕见，才显得它们格外引人注目。截至目前，世界上最高的五边形建筑是位于美国得克萨斯州休斯敦市的JP摩根大通大厦。该建筑高305.4米，共75层，完工于1981年。按照原本的设计，大厦应该更高，足有80层。不过，由于该建筑距离威廉·P.霍比机场不远，联邦航空管理局担心建筑过高会危害航空安全而否决了最初的设计。不过,即便如此,这座大厦仍然一度位居全美最高建筑排行榜第 8 位[1]。

不过,这座大厦的横截面并不是正五边形。世界上最高的正五边形建筑当数美国马里兰州巴尔的摩世贸中心大厦。这座建筑坐落于巴尔的摩内港与普拉特大街之间,共 30 层、137 米高。它由贝氏建筑事务所设计,1973 年动工、1977 年落成。不幸的是,由于高度原因,从地面看这座建筑时,其五边形特征并不显著[2]。

世界上造型最奇特的五边形建筑当数位于以色列耶路撒冷的"拉莫特高地"住宅综合体。该建筑位于耶路撒冷拉莫特街区,由以色列裔波兰建筑师霍克(Zvi Hecker,1931—)设计,1970 年代初期建造(图 9.1)。该综合体的设计容量为 720 套住宅单元,每个单元都是一个正十二面体形状。人们称这座综合体为"世界上最奇怪的建筑之一"[3]。远远看去,整座综合体像是"一个巨大的蜂窝",或者"一座巨大的晶矿"[4]。在这座综合体投入使用后,居民们陆陆续续对它进行了改造,并增加了许多非五边形的结构。以色列建筑史学家克罗杨科(David Kroyanker)曾经评价该建筑"完全是一座雕塑,从几何学角度来看很有新意,但缺乏实用性"[5]。像

图 9.1 耶路撒冷的"拉莫特高地"住宅综合体

任何具有争议性的事件一样,这座综合体还一度引起激烈的争论:建筑的创新是否应有所限制,以满足人们的实际生活需求?

很不幸,战争也是人类实际生活的组成部分。于是,对于防御的需求促使建筑师和工程师们设计出一系列具有防卫性质的、旨在击退入侵敌军的建筑:城墙、城堡、壕沟、护城河、塔楼、碉堡等。通常,人们根据周围地形的特点来设计、建造城堡。如果周围都是平地,那么最常见的城堡是坚固的方形建筑,或者是四面垒砌高墙、内部设有大院的结构。图 9.2 是

图 9.2　耶路撒冷的"大卫城堡"

雄伟的"大卫城堡"，这座城堡建于奥斯曼帝国时期，1537 年动工、1541 年落成，并且至今仍完好无损。如今，它依然屹立于耶路撒冷旧城西门，守卫着雅法门。

言归正传，在中世纪城堡中，五边形造型的城堡并不罕见。对于将城堡设计成相对罕见的五边形造型的原因，目前有两种解释：第一，在周长相等的前提下，五边形城堡的内部面积要比正方形城堡更大。

对于边长为 1 的正五边形，其周长为 5，面积 ≈1.720；

对于周长为 5 的正方形，其面积 = $(5/4)^2 ≈ 1.563$。

（边长为 1 的正五边形的面积计算，请见本书第 5 章末尾。）

因此，在周长保持不变的前提下，选择正五边形结构比选择正方形可多得到约 10% 的内部面积。

我们可以用同样的方法求出设计成其他正多边形时的"面积比"：

对于边长为 1 的正六边形，其周长为 6，面积为 $3\sqrt{3}/2 ≈ 2.598$；

对于周长为 6 的正方形，其面积 = $(6/4)^2 = 2.250$。

即：在周长保持不变的前提下，选择正六边形结构比选择正方形可多得到约 15.5% 的内部面积。

对于边长为 1 的正八边形，其周长为 8，面积为 $2(1+\sqrt{2}) ≈ 4.828$；

对于周长为 8 的正方形，其面积 = $(8/4)^2 = 4$。

即：在周长保持不变的前提下，选择正八边形结构比选择正方形可多得到约 20.7% 的内部面积。按这样的规律，似乎在保持周长不变的前提下，只要增加多边形的边数，就可以得到更大的内部面积。

再不断重复这个过程会怎样？你多半会推测出这样的结论：如果我们不断重复这个过程，最终会得到一个边数为无穷大的"正多边形"，也就是一个圆。一个半径为 1 的圆，其周长为 2π，面积为 π。而周长为 2π 的正方形，其面积为 $(2\pi/4)^2 ≈ 2.467$。即，选择圆形结构可比选择正方形结构多得到约 27.3% 的内部面积——这也是我们通过增加正多边形的边数而能获得的最大面积。这个问题属于"等周问题"中的一个特殊案例。等周问题指出：在周长不变的前提下，所有闭合曲线中正圆围得的面积是最大的。

那么，为什么建造城墙的工匠们没有无限制地增加城堡的边数呢？为什么不索性造一个圆形的城堡呢？这样就能围出更大的空间(换而言之，修建同样面积的城堡时，城墙所需要的砖石和人力都能更节省)[6]，不是吗？真正的原因在这里：城堡不仅需要城墙，还需要在多边形的每个"角"上修建塔楼。塔楼不仅修建成本更高，而且每座塔楼上还需要有士兵把守。权衡利弊之下，五边形的城堡虽然围出的面积要比六边形、八边形的城堡略小，但只需要修建五座塔楼，是一个相对可行的折中方案。

此外，还有一个值得考量的因素：炮火死角。从塔楼(高处)向地面(低处)射击时，由于炮弹飞行呈抛物线轨迹而无法命中近距离目标，就会形成炮火死角。关于这个问题，数学家们进行了广泛而深入的研究。事实上，16 和 17 世纪的数学书里，"军事数学"用了很大篇幅讨论炮火的射程、塔楼的可视范围、炮火死角的形状和面积等。在这里，我们不深入讨论其具体的计算，读者们只需要知道这个结论即可：对于 16、17 世纪而言，在边防要塞修建五边形城堡是一个不错的选择(图 9.3)。

可惜的是，仅有少数五边形城堡得以保留至今——其中就包括了雄伟的贾卡城堡(彩插 17)。贾卡是西班牙东北部韦尔斯卡省的一个小镇，人口仅 1.3 万人。公元 1097 年以前，它曾是阿拉贡王国的国都。从地理位置看，这里是两条古道的交会处：一条经比利牛斯山脉通往法国，另一条向南直达西班牙中心。公元 1592 年，国王菲利普二世(Phillip II)下令在此修建城堡。他的御用建筑师斯潘诺奇(Tiburcio Spannocchi, 1541—1609)"根据军事建筑学原则，基于军用炮火专门设计"了这一城堡[7]。待城堡竣工，已经是菲利普三世时期的公元 1613 年。1968 年，人们对城堡进行了修复：城堡外的护城河上搭起吊桥，位于五角的塔楼上"插满"了箭镞，城堡内五边形的阅兵场和依墙而建的五座营房也被复原成当时的样子。其中一座塔楼内部被改造成军事博物馆，并在其中使用了超过3.2 万个铅制小兵人来展示当时的战争场景。贾卡城堡如今也是西班牙陆军滑雪及登山师的指挥部所在地[8]。此外，该建筑群中还包含一座建于17 世纪后半叶的巴洛克风格的军事教堂。由于这座教堂是为纪念圣彼得而建，因此这座城堡在西班牙语里的名字是"圣佩德罗城堡"。

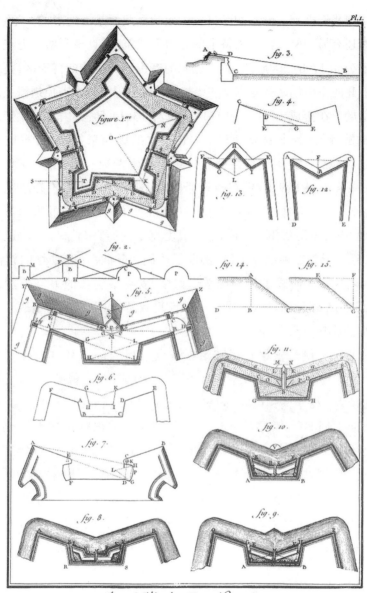

图 9.3　五边形城堡,可能出自狄德罗(Diderot)的《百科全书》(巴黎,1762 年)

之前我们提到了巴尔的摩世贸大厦的横截面是五边形的。不过,巴尔的摩还有另一座值得大书特书的五边形建筑:麦克亨利堡。麦克亨利堡建于公元 1798—1800 年,位于巴尔的摩市郊的洛克斯特街区,是一座沿海而建的军事堡垒。麦克亨利堡是为了保卫巴尔的摩港免遭海上攻击而建造的。在落成 14 年后的 1814 年 9 月 13、14 日,英国海军从切萨皮克湾出发,疯狂袭击麦克亨利堡。在美军的顽强抵抗下,英军被迫撤退。这场被载入美国史册的战役持续了整整两天。当时,美国政治家基(Francis Scott Key)被锁在附近船舱内,只闻炮火声而不知战况。两天后,他终于得以冲出舱门,望着在硝烟洗礼下完好无损的国旗依然飘扬,他的内心汹涌澎湃,写下了《保卫麦克亨利堡》一诗。后来,这首诗根据《献给天堂的阿纳克里昂》的曲子改编为歌曲《星光灿烂的旗帜》。1931 年,这首歌曲成了美国国歌。如今,麦克亨利堡的上空依然飘扬着上面有 15 颗星的星条国旗——一件复制品,和麦克亨利堡战役发生时的那面旗帜一模一样。

麦克亨利堡是根据美国政治家麦克亨利(James McHenry, 1753—1816)的姓氏命名的。麦克亨利是美国开国元勋之一,曾参与了《美国宪法》的起草。在华盛顿(George Washington)和亚当斯(John Adams)担任总统期间,他担任了美国战争部长一职。麦克亨利堡直到 20 世纪仍在发挥军事作用。它在第一次世界大战时(和此前)隶属于美军,在第二次世界大战期间则隶属于海岸警卫队。在 1925 年,麦克亨利堡被划为国家公园;1939 年,它又被划入"美国国家历史名胜"。如今,麦克亨利堡占地总面积达到了 17.5 万平方米,外围还有一条干涸的护城河。图 9.4 是麦克亨利堡的设计图,由普桑(William Tell Poussin)于 1819 年绘制[9]。

图 9.4　麦克亨利堡设计图，1819 年

时光快进到了 20 世纪。毫无疑问,有史以来最为著名的五边形建筑当数位于华盛顿特区的五角大楼——更准确地说,五角大楼位于弗吉尼亚州阿灵顿县,紧挨着华盛顿特区(图 9.5)。五角大楼是美国国防部办公大楼,也是世界上最大的办公楼,总使用面积达到了 60 万平方米。五角大楼的五个外立面的长度各为 280 米,总周长 1.4 千米,总占地面积约为 13.7 万平方米,包括占地约 2 万平方米的五边形中央花园和可容纳 1 万辆汽车的停车场。五角大楼的外围是五边形建筑,其内部还嵌套着四组与外围平行的五边形建筑。这些建筑都是地上 5 层、地下 2 层的结构,并且每层都设有环形走廊。这些走廊的总长度达到了 28 千米,而五角大楼内任意两点的步行时间都不超过 7 分钟。五角大楼可以容纳 2.3 万名军人和文职人员同时办公,另外还可以容纳 3000 名后勤支持人员[10]。由于五角大楼实在太大了,因此无论从建筑的哪个外立面都看不出整体的五边形外廓,只有从高空俯瞰时,五角大楼的五边形全貌才能一览无余。

图 9.5　五角大楼,位于美国华盛顿特区

1941 年,美国总统富兰克林·D. 罗斯福(Franklin D. Roosevelt)下令修建新的陆军办公大楼,以整合美国战争部(如今的国防部)的 17 处办公场所。于是,两位设计师——贝格斯特罗姆(George Edwin Bergstrom, 1876—1955)和威特默(David Julius Witmer, 1888—1973)上校——仅用了 34 天,就完成了这座庞大建筑群的设计初稿。五角大楼于 1941 年 9 月 11 日开工建设,1943 年 1 月 15 日竣工,总建设费用为 8300 万美元(按今天的物价折算,约 12 亿美元)。格罗夫斯(Leslie Groves)上校作为军方负责人全程监督了建设过程,他也是后来"曼哈顿计划"的负责人。

为什么五角大楼要设计成与众不同的五边形呢？关于这一点众说纷纭。有人认为这是向毕达哥拉斯学派的会徽致敬,有人说是沿用了中世纪五边形城堡的造型,还有人说这是为了提高土地使用率。不过,实际理由并没有那么浪漫:在选址时,离首都不远的区域内只有一个地块符合要求,而它恰好由波托马克河与附近的 3 条道路围成了近似五边形的区域。因此,这座国防大厦只能设计成五边形。外尔(Hermann Weyl)在其经典著作《对称》(*Symmetry*)一书中评论道:"(五角大楼)如此之大、造型又如此独一无二,实在是不易错认的轰炸目标。[11]"一语成谶,在他写下这段文字的 50 年后,2001 年 9 月 11 日,一架美国航空 77 型客机被恐怖分子劫持并撞向了五角大楼西翼,造成 189 人死亡。当天也是五角大楼开工 60 周年纪念日。这一天同样被永远载入了五角大楼的史册。

注释：

1. 来源："The Skyscraper Center：JPMorgan Chase Center" at https://www.skyscrapercenter.com/building/jpmorgan-chase-tower/472。另参见文章"JPMOrgan Chase Tower（Houston）" at https://en.wikipedia.org/wiki/JPMorgan Chase Tower（Houston）。

2. 来源：http://www.waymarking.com/waymarks/WMGNPE TALLEST_Regular_Pentagonal_Building_Baltimore_MD。

3. 来源维基百科"Ramot Polin," April 2019，http://www.travelandleisure.com/articles/worlds-strangest-buildings/5。

4. David Kroyanker, *Architecture in Jerusalem: Modern Construction Outside the Walls*, *1948—1990*（Jerusalem：Keter Press，1991；in Hebrew）；翻译引自 Ha'aretz 2013 年的文章"Ad Classics：Ramot Polin/Zvi Hecker" by GiliMerin，https://www.archdaily.com/416666/ad-classics-ramot-polin-zvi-hecker。

5. 参见：Noam Dvir, Back to the Future：A Giant Beehive Abuzz with Controversy, Ha'aretz, December 29, 2011；https://www.haaretz.com/1.5223121。

另参见 https://www.youtube.com/watch? v=uIkHPKMFUuQ，包括霍克与克罗杨科的访谈视频。

6. 公元 762 年,曼苏尔（Mohammad al-Mansur）在底格里斯河畔建立巴格达城时,在城外建造了一个圆形的城墙,其周长达到了 6.44 千米。在外城墙以内,还另有一道圆形的内城墙,且与外城墙构成同心圆。在外城墙以外是环绕城墙的护城河,来源：Violet Moller, *The Map of Knowledge: A Thousand-Year History of How Classical Ideas Were Lost and Found*［New York：Doubleday，2019］。

7. 来源："San Pedro Castle or Citadel" at https://www.spain.info/en_US/que-quieres/arte/monumentos/huesca/ciudadela_de_jaca.html。在英文里,"原则"（canon）和"炮火"（cannon）的拼写十分接近,容易混淆。但在"根据军事建筑学原则,基于军用炮火专门设计"（the canons of military architecture derived from the use of artillery［i.e.，cannons］）这句话中,canons 既可以解释为"原则"（canon），也可以解释为"炮火"（cannon）。根据网页介绍,贾卡城堡是"此类建筑风格中唯一屹立至今的城堡"。

8. 来源："Jaca, Castle of San Pedro（St Peter）or Citadel, 16th Century" at http://www.aspejacetania.com/lugares.php? idio=en&Id=44；另请参见："The Citadel" at https://www.hikepyrenees.co.uk/blog/jaca-a-guide/。

9. 本段改编自维基百科"Fort McHenry",网址：https://en. wikipedia. org/wiki/Fort_McHenry。以下网站介绍了其他保存至今的五边形城堡,感兴趣的读者请参见：

① Fort Bourtange, Groningen, the Netherlands：https：//en. wikipedia. org/wiki/Fort _Bourtange；

② Fort Belgica, Banda Neira, Indonesia：https：//en. wikipedia. org/wiki/Fort_Belgica；

③ Fort Rocroi, Champagne – Ardennes, France：http：//www. sites – vauban. org/Rocroi,746；

④ Indonesia's Pentagon Castles：https：//www. shutterstock. com/de/image–photo/in-donesias–pentagon–castles–1023740410；

⑤ Citadel of Pamplona, Spain：https：//en. wikipedia. org/wiki/Citadel_of_Pamplo-na；

⑥ Jaffna Fort, Sri Lanka：https：//en. wikipedia. org/wiki/Jaffna_Fort；

⑦ Fort In de pen dence, Boston, Mas sa chu setts：https：//en. wikipedia. org/wiki/Fort_Independence_(Massachusetts)；

⑧ Fort Warren, Georges Island, Boston, Massachusetts：https：//en. wikipedia. org/wiki/Fort_Warren_(Massachusetts)；

⑨ Fort Morgan, at the mouth of Mobile Bay, Alabama：https：//en. wikipedia. org/wiki/Fort_Morgan_(Alabama)；

⑩ "Vatican Assassins" by Eric Jon Phelps：https：//vaticanassassins. org/2010/06/27/the–pentagon–jesuit–military–fortress–from–spain–to–italy–to–the–american–empire/；

⑪ Tilbury Fort, England：https：//en. wikipedia. org/wiki/Tilbury_Fort；

⑫ Fort du Mont– Valerien, Paris, France：http：//www. starforts. com/montvalerien. html；

⑬ Kastellet, Copenhagen, Denmark：https：//en. wikipedia. org/wiki/Kastellet,_Co-penhagen；

⑭ Holt Castle, Holt, Wrexham Borough, Wales：https：//en. wikipedia. org/wiki/Holt_Castle；

⑮ Fort of San Diego, Acapulco, Guerrero, Mexico：https：//en. wikipedia. org/wiki/Fort_of_San_Diego；

⑯ Citadel of Turin, Italy：https：//de. wikipedia. org/wiki/Zitadelle_von_Turin(原文为德语)；

⑰ Citadel of Belfort, France：https：//de. wikipedia. org/wiki/Zitadelle_Belfort(原文为德语)。

10. 此段描述节选自以下三个来源：(1)Randal Bond Truett, ed., *Washington, D. C.： A Guide to the Nation's Capital* (New York：Hastings House,1968)，p. 449；(2)Susan Burke and Alice L. Powers, *Eyewitness Travel: Washington, D. C.* (London：DK, 2006)，p. 132；(3) the Wikipedia article "ThePenta gon" at https：// en. wikipedia. org/wiki/The Pentagon。

11. Hermann Weyl,*Symmetry* (Princeton, NJ：Princeton University Press,1952),p. 66.

附录 A　尺规作图的基本方法

A	B
A———————B C———————D	A———M———B 上方 C，下方 D

C	D
C 上方，A—F——E—B，下方 D	F 上方，A—D——E—B

E	F
A，E，1，2，D，F，B	R，S，T；X，Y，T

A. 作一条线段等于已知线段

B. 作已知线段的垂直平分线

C. 过直线外一点作已知直线的垂线

D. 过直线上一点作已知直线的垂线

E. 作已知角的角平分线

F. 作一个角等于已知角

附录 B　斐波那契数列的三大特性

由斐波那契数列可以演变出许许多多不同形式的表达式,例如:

$$F_1+F_2+F_3+\cdots+F_n=F_{n+2}-1$$

$$F_1^2+F_2^2+F_3^2+\cdots+F_n^2=F_n \cdot F_{n+1}$$

我们接下来要用到的是以下变化形式:

$$F_{n-1} \cdot F_{n+1}=F_n^2+(-1)^n \tag{1}$$

上述这些变化形式,都是根据斐波那契数列的定义:$F_1=F_2=1$,$F_n=F_{n-2}+F_{n-1}(n=3,4,5,\cdots)$推导而来。

接下来,我们要证明斐波那契数列具有以下三大特性:

● 特性 1

当 n 趋向于无穷大时,斐波那契数列的后一项与前一项的比值越来越逼近黄金分割比 ϕ。

为了证明这一点,我们可以对表达式(1)的左右两边同时除以 F_n^2,可得:

$$\frac{F_{n-1}}{F_n} \cdot \frac{F_{n+1}}{F_n}=1+\frac{(-1)^n}{F_n^2} \tag{2}$$

将 $F_{n-1}=F_{n+1}-F_n$ 代入方程(2)的左边,得:

$$\frac{F_{n+1}-F_n}{F_n} \cdot \frac{F_{n+1}}{F_n}=\left(\frac{F_{n+1}}{F_n}-1\right) \cdot \frac{F_{n+1}}{F_n}$$

接下来，我们设 F_{n+1}/F_n 为 x，于是可得：

$$(x-1) \cdot x = 1 + \frac{(-1)^n}{F_n^2}$$

当 $n \to \infty$ 时，$(-1)^n / F_n^2$ 趋向于 0。因此，$(x-1) \cdot x \to 1$；$x^2-x-1 \to 0$。又因为 x^2-x-1 是关于 x 的连续函数，所以方程 $x^2-x-1=0$ 的解就是 x 的极值。方程 $x^2-x-1=0$ 的解为 $(1 \pm \sqrt{5})/2$。这里我们只讨论 n 为正整数时的斐波那契数列，所以 x 的极值一定为正数。因此，我们只保留 $x^2-x-1=0$ 的正数解 $(1+\sqrt{5})/2$，即黄金分割比 ϕ。

换而言之，$n \to \infty$ 时，$x \to \phi$。

在本书第 3 章中，我们曾经介绍过：斐波那契数列的这一特殊性质是由雅各布(约 1510—1564)首次发现的。不过这一发现也常被归功于推广了这一发现的开普勒。

● **特性 2**

斐波那契数列的前两项通常是 1 和 1。实际上，我们也可以设 a、b 两个任意整数为前两项[1]。显然，这会改变后续项，但后项与前项的比值是否也会随之改变呢？让我们来看看：

$$a, b, a+b, a+2b, 2a+3b, 3a+5b, 5a+8b, 8a+13b, \cdots$$

字母 a 和 b 前的系数是不是似曾相识呢？没错，就是斐波那契数列：$1,1,2,3,5,8,13,\cdots$。（所以从这个角度来看，以 1 和 1 作为斐波那契数列的前两项是自然而合理的。）于是，这个数列的通项公式可以写为：

$$G_n = F_{n-2}a + F_{n-1}b \qquad (3)$$

（我们也可以用归纳法得出这一公式，读者可以自行尝试。）于是，有：

$$\frac{G_{n+1}}{G_n} = \frac{F_{n-1}a + F_n b}{F_{n-2}a + F_{n-1}b}$$

将分子和分母同时除以 F_{n-2}，于是等号右边等于：

$$\frac{(F_{n-1}/F_{n-2})a + (F_n/F_{n-2})b}{a + (F_{n-1}/F_{n-2})b}$$

$$= \frac{(F_{n-1}/F_{n-2})a+(F_n/F_{n-1})\cdot(F_{n-1}/F_{n-2})b}{a+(F_{n-1}/F_{n-2})b}$$

当 $n\to\infty$ 时,每个括号中的比都趋于 ϕ。于是,有:

$$\frac{G_{n+1}}{G_n}\to\frac{\phi a+\phi^2 b}{a+\phi b}=\frac{\phi(a+\phi b)}{a+\phi b}=\phi,$$

也就是说,无论这一数列的前两项的值为多少,其后项与前项的比值总是趋向于黄金分割比。

回想一下,上述的一系列操作完全是代数层面的变换,而其结果 ϕ 却是深深根植于几何学的量。也许正因为这样,黄金分割比才被称为"神圣比例"吧!

● **特性 3**

在本书第 2 章中,我们曾介绍过 ϕ 的多次幂可以转化为 $a+b\phi$ 的形式,并且 a、b 都是斐波那契数。更准确地说:$\phi^n=F_{n-1}+F_n\phi$;$\phi^{-n}=(-1)^n(F_{n+1}-F_n\phi)$。那么,反过来,斐波那契数是不是也可以用 ϕ 的多次幂来表示呢?直觉告诉我们是可以的,而且事实也的确如此。实际上,根据这一点我们可以推导出著名的比内公式——有趣的是,实际上第一个提出这一公式的数学家并不是比内,而是另有其人。比内公式是这样的:

$$F_n=\frac{1}{\sqrt{5}}\left[\phi^n-(-\phi)^{-n}\right]$$

想要证明比内公式,我们先写出 ϕ 的多次幂的转化公式:

$$\phi^n=F_{n-1}+F_n\phi \tag{4}$$

以及:

$$\phi^{-n}=(-1)^n(F_{n+1}-F_n\phi) \tag{5}$$

当 n 是偶数时,等式(5)可化为:

$$\phi^{-n}=F_{n+1}-F_n\phi \tag{6}$$

等式(4)减去等式(6),可得:$\phi^n-\phi^{-n}=F_{n-1}-F_{n+1}+2F_n\phi$。又根据斐波那契数列的定义可得:$F_{n-1}-F_{n+1}=-F_n$,因此有:$\phi^n-\phi^{-n}=-F_n+2F_n\phi=F_n(-1+2\phi)=\sqrt{5}F_n$。由此可得:

$$F_n=\frac{1}{\sqrt{5}}(\phi^n-\phi^{-n}) \tag{7}$$

当 n 为奇数时,等式(5)可化为:

$$\phi^{-n} = -F_{n+1} + F_n\phi \qquad (8)$$

等式(4)加上等式(8),可得:$\phi^n + \phi^{-n} = F_{n-1} - F_{n+1} + 2F_n\phi = -F_n + 2F_n\phi = F_n(-1+2\phi) = \sqrt{5}F_n$。由此可得:

$$F_n = \frac{1}{\sqrt{5}}(\phi^n + \phi^{-n}) \qquad (9)$$

最后,等式(7)和等式(9)可以用同一个公式进行表述,即对于任何正整数 n(无论 n 是奇数还是偶数),都有:

$$F_n = \frac{1}{\sqrt{5}}\left[\phi^n - (-\phi)^{-n}\right] \qquad (10)$$

我们还发现:如果 n 是奇数,那么 $F_{-n} = F_n$;如果 n 是偶数,那么 $F_{-n} = -F_n$,即 $F_{-n} = (-1)^{n+1}F_n$。举个例子:$F_{-11} = 89 = F_{11}$,而 $F_{-12} = -144 = -F_{12}$。

等式(10)即为比内公式,它是以比内(Jacques Philippe Marie Binet,1786—1856)的姓氏命名的。比内是一位专攻数论和代数的法国数学家,他在 1843 年发现了这一公式。不过,在一个世纪以前,德·莫伊夫(Abraham de Moivre)、伯努利(Daniel Bernoulli)和欧拉就已经发现了这一公式。但无论如何,这个公式还是以比内的姓氏命名了。

比内公式的特殊之处在于:它表示的是整数,但公式中却有三个无理数:ϕ、$1/\phi$ 和 $\sqrt{5}$。两个无理数相加得到有理数,这似乎并不稀奇,例如:$(1+\sqrt{2}) + (1-\sqrt{2}) = 2$。不过,即使是我,也很难一眼看出这个公式与斐波那契数列之间存在联系。不过,有了这个公式以后,只需要在计算器里输入 n,就可以让计算器来计算斐波那契数列,而且总能得到正确的结果(只要计算器显示屏足够宽)[2]。例如,$F_{12} = 144$,即:斐波那契提出的兔子问题里,第 12 个月月末兔子的数量是 144 只(兔子问题见本书第 1 章);类似地,我们也可以算出第 24 个月月末兔子的数量是 46 368 只,第 36 个月月末兔子的数量是 14 930 352 只。当然啦,斐波那契本人不可能享受到计算器的便利,他的计算和验算都得依靠纸笔和算盘!

注释:

1. 卢卡斯数列就是其中一个特例。卢卡斯数列是以卢卡斯(François Édouard Anatole Lucas, 1842—1891)的姓氏命名的。这个数列是这样的:2,1,3,4,7,11,18,29,…。和斐波那契数列一样,它也可以扩展到 n 为负数的情形,即: $L_{n-2}=L_n-L_{n-1}$: …, -29,18,-11,7,-4,3,-1,2,1,3,4,7,11,18,29,…。

2. 用计算器计算斐波那契数列时,不妨先把 φ 的十进制数值计算出来,储存在计算器内存中。待计算 F_n 时,直接调取即可。

附录 C　证明仅有5种柏拉图立体

《几何原本》第十三卷(也是最后一卷)专门讨论了5种柏拉图立体。其中,命题7至命题11讨论了圆的内接正五边形;命题13至17讨论了5种柏拉图立体的构建;命题18(《几何原本》的最后一个命题)则讨论了当5种柏拉图立体内接于同一个球体时,其边长的关系。在命题18的结尾,欧几里得表示:"除了上述5种正多面体外,不存在其他由等边、等角的平面图形(即正多边形)构成的立体。"也就是说,世界上只存在5种柏拉图立体(正多面体):正四面体、正六面体(立方体)、正八面体、正十二面体和正二十面体。关于这一点,《几何原本》给出了长达6页的冗长证明。我们接下来要给出的证明,是基于现代几何学的证明。它更简洁明了,想必能更好地为读者所接受。这个证明方法基于下面这个欧拉公式:

$$V - E + F = 2 \tag{1}$$

这个公式里,V指多面体的顶点数,E指多面体的棱数,F指多面体的面数。正多面体的每个面都是相同的正n边形。例如,立方体有6个面,每个面都是由4条边组成的正方形。所以,立方体的$F=6$、$n=4$。此外,正方体有8个顶点、12条棱,因此其$V=8$、$E=12$。把这些值代入公式(1),我们得到$8-12+6=2$,和公式相吻合。

对于任意正多边形,我们都能发现其总棱数与总面数之间存在:

$$nF = 2E \tag{2}$$

这是因为每条棱都同时属于两个相邻的面。如此一来,用面数乘以 n 时,每条棱都被计算了两次。我们进一步假设每个顶点有 r 条棱交会(例如立方体中,$V=8$,$r=3$)。那么,其总顶点数与总面数的关系是:

$$rV = 2E \qquad (3)$$

这是因为每条棱都与两个顶点交会。

接下来,我们分别用公式(2)和(3)得到 F 和 V 的表达式,并代入公式(1),得到:

$$\frac{2E}{r} - E + \frac{2E}{n} = 2$$

即:

$$\frac{1}{n} + \frac{1}{r} = \frac{1}{E} + \frac{1}{2} \qquad (4)$$

因为多边形至少有 3 条边,且正多面体的每个顶点都至少有 3 条棱交会,所以对于任何多面体,都有:$n \geqslant 3$ 且 $r \geqslant 3$。又由于 E 为正整数,所以 $1/E>0$。此时,等式(4)可以转化为如下不等式:

$$\frac{1}{n} + \frac{1}{r} > \frac{1}{2} \qquad (5)$$

接下来,我们只需要用枚举法列出所有可能的解,即可完成证明。

可能性 1:$n=3$、$r=3$,此时:$\frac{1}{3} + \frac{1}{3} = \frac{2}{3} > \frac{1}{2} \Rightarrow E=6$。该正多面体为正四面体。

可能性 2:$n=3$、$r=4$,此时:$\frac{1}{3} + \frac{1}{4} = \frac{7}{12} > \frac{1}{2} \Rightarrow E=12$。该正多面体为正八面体。

可能性 3:$n=3$,$r=5$,此时:$\frac{1}{3} + \frac{1}{5} = \frac{8}{15} > \frac{1}{2} \Rightarrow E=30$。该正多面体为正二十面体。

可能性 4:$n=4$,$r=3$。考虑到等式(4)中,n 和 r 是对称的,因此我们可以利用可能性 2 中的结论,得出 $E=12$。当然,此时 n 和 r 与可能性 2 中相反,所得的正多面体为正六面体,即我们通常所说的立方体。

可能性 5：$n=5, r=3$。此时我们求得的 E 与可能性（3）中一样，都是 30；但 n 和 r 与可能性 3 中相反，所得正多面体为正十二面体。

以上 5 种可能性已经囊括了不等式（5）的所有解。如果再增大 n 或 r，会使不等式的左侧小于 $1/2$，使不等式无解，当然也就不存在对应的正多面体。（请注意：当 $n=r=4$ 时，$1/E=0$，E 没有意义。）

在等式（4）里，r 和 n 是对称的；同样，在等式（1）里，V 和 F 也是对称的。这就是说，交换这两个变量的数值，等式仍然成立。例如，立方体有 6 个面（$F=6$）、8 个顶点（$V=8$）。我们可以交换这两个值，得到有 8 个面（$F=8$）、6 个顶点（$V=6$）的正八面体。像这样 V 值和 E 值互换的两个正多面体称为"对偶"。对于"对偶"的正多面体，用直线连接每个面的中心，即可得到另一个"对偶"的正多面体。立方体和正八面体是一对"对偶"的正多面体，正十二面体和正二十面体也是一对"对偶"的正多面体（图 FC.1）；而正四面体（$F=V=4$）的"对偶"正多面体就是它本身。

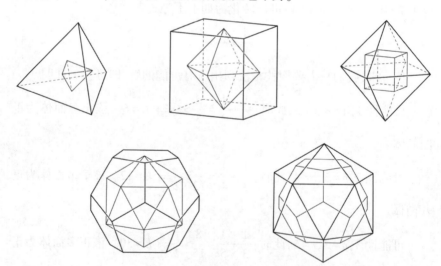

图 FC.1 "对偶"的正多面体

如果我们放宽限制条件，只要求"每个面都必须是正多边形"，而不要求"每个面都必须是**相同的**正多边形"，那么就会得到一些由两种或两种以上正多边形组成的"半正多面体"（也叫"阿基米德多面体"[1]）。例如，图 FC. 2 中的多面体为一种半正多面体，它由 62 个面组成，其中 30 个面为正方形，20 个面为正三角形，12 个面为正五边形。你可以用聪明棒*搭出这种多面体，只不过它的正方形会变成长方形，而且搭出来的多面体是空心的[2]。

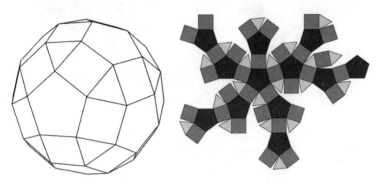

图 FC. 2　一个半正多面体的立体图（左）及展开图（右）

如果我们进一步放宽限制条件，不要求最后所得为"凸多面体"，那么符合条件的多面体种类还会进一步增加。举个例子，将正二十面体的每条棱向外延伸，直至其与另一条棱的延长线相交，即可得到"小星形十二面体"；而如果将正二十面体的每个面向外延伸，直至其与另一个面相交，即可得到"大星形十二面体"。这两种多面体都是由天文学家开普勒发现的。因此，这两种多面体也被称为"开普勒星形多面体"。图 FC. 3 展示了小星形十二面体和大星形十二面体，它们的对称性与正二十面体是一样的。

多面体及其对称性的研究十分引人入胜，在此，我向读者推荐以下两本书：①萨顿（Daud Sutton）所著的《柏拉图立体与阿基米德立体》（*Platonic and Archimedean Solids*），这本书行文流畅、插图精美；②H. M. 库迪

---

　　*　一种由小棍和连接球组成的拼接玩具。——译注

（H. M. Cundy）及 A. P. 罗利特（A. P. Rollett）合著的《数学模型》（*Mathematical Models*）。这两本书已在参考书目中列出。

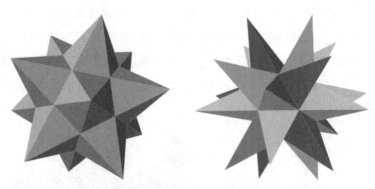

图 FC.3　小星形十二面体（左）及大星形十二面体（右）

注释：

1. 请参见本书第 7 章注释 7。亦可参见维基百科文章"Archimedean Solids"at https://en. wikipedia. org/wiki/Archimedean_solid。

2. 请参见"The Mathe matics of Zome"by Tom Davis at http://www. geometer. org/mathcircles。

附录 D 公式汇总

以下各公式中, n 均为正整数:

- 斐波那契数列:

  $F_1 = F_2 = 1, F_3 = 2, F_4 = 3, F_5 = 5, F_6 = 8, \cdots$

  ■ 通项公式:

$$F_{n+2} = F_{n+1} + F_n \tag{1}$$

- ϕ 的多次幂:

  $\phi^2 = 1 + \phi, \phi^3 = 1 + 2\phi, \phi^4 = 2 + 3\phi, \phi^5 = 3 + 5\phi, \phi^6 = 5 + 8\phi, \cdots$

  ■ 通项公式:

$$\phi^n = F_{n-1} + F_n \phi \tag{2}$$

- ϕ 的负数次幂:

  $\phi^{-1} = -1 + \phi, \phi^{-2} = 2 - \phi, \phi^{-3} = -3 + 2\phi, \phi^{-4} = 5 - 3\phi, \phi^{-5} = -8 + 5\phi, \cdots$

  ■ 通项公式[1]:

$$\phi^{-n} = (-1)^n (F_{n+1} - F_n \phi) \tag{3}$$

- 比内公式:

$$F_n = \frac{1}{\sqrt{5}} \left[\phi^n - (-\phi)^{-n} \right]$$

- 与正五边形(图 FD.1)相关的公式:

  ■ 对于边长为 1 的正五边形:

◆ 周长：5

◆ 对角线长度：$\phi = \dfrac{1+\sqrt{5}}{2}$

◆ 面积：$\dfrac{\sqrt{5(3+4\phi)}}{4} = \dfrac{\sqrt{5(5+2\sqrt{5})}}{4} = 5\cot 36°/4$

◆ 内接正五角星的周长：5ϕ

◆ 内接正五角星中心的五边形的边长：$1/\phi^2 = \dfrac{3-\sqrt{5}}{2}$

◆ 内接正五星形的周长：$10/\phi = 5(-1+\sqrt{5})$

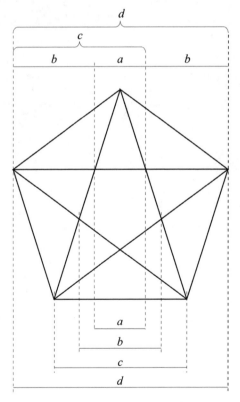

$$d:c = c:b = b:a = 1.618\cdots = \phi$$

图 FD.1　五边形/五角星内的各距离之比

◆ 内接正五星形的面积：$\dfrac{5}{2\sqrt{3+4\phi}} = \dfrac{\sqrt{5(5-2\sqrt{5})}}{2}$

■ 对于内接于单位圆中的正五边形：

◆ 边长：$2\sqrt{7-4\phi} = 2\sqrt{5-2\sqrt{5}} = 2\tan 36°$

◆ 面积：$5\sqrt{7-4\phi} = 5\sqrt{5-2\sqrt{5}} = 5\tan 36°$

● 五边形数：

■ 通项公式：$P_n = n(3n-1)/2 = 1,5,12,22,35,51,70,92,\cdots$

■ 递推公式：$P_n = P_{n-1} + 3n - 2$

注释:

1. 将公式(1)改写为 $F_n = F_{n+2} - F_{n+1}$ 的形式,并将其扩展到 n 为 0 和负整数的情形,即可得到公式(3):

$$F_0 = 1-1 = 0, F_{-1} = 1-0 = 1, F_{-2} = 0-1 = -1$$
$$F_{-3} = 1-(-1) = 2, F_{-4} = -1-2 = -3, \cdots$$

其通项公式为:$F_0 = 0, F_{-n} = (-1)^{n+1} F_n$。

此时,公式(3)变为:$\phi^{-n} = F_{-n-1} + F_{-n}\phi$。这一公式与公式(2)等价,只是其中的 n 被 $-n$ 替代。

附录 E　数学趣题答案

● **水手的趣题**

　　本答案引用了《坎特伯雷趣题集》第 173 页答案。

　　"马格达伦"号从一座小岛出发,一条不落且绝不重复走完这十条航线,一共有 264 种走法。在走完这十条航线后,"马格达伦"号回到最初出发的那个小岛。

● **庄稼汉的趣题**

　　本答案引用了《坎特伯雷趣题集》第 175—176 页答案。

　　(如图 FE.1)16 棵树按此排列,可排成 15 条直线,且每条直线上有 4 棵树。这个结果打破了人们长久以来的认知,即使在今天,我也不能一口咬定 15 条直线就是所能排成的直线数量(在每条直线上有 4 棵树的前提下)的最大值。不过,我的直觉告诉我,15 就是可达到的最大值。

　　顺便说一句,如果我们把题目简化为:"10 棵树要怎样排列,才能排成 5 条直线,并且每条直线上有 4 棵树?"那么答案就是图 FE.1 中去掉最中间的六个点的样子。

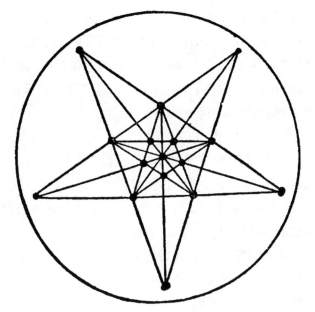

图 FE.1　庄稼汉的趣题：16 棵树排成 15 条直线且每条直线上有 4 棵树

● 五边形和正方形

本答案基于杜德尼原话并有删减[1]。

（如图 FE.2）假设原正五边形为 *ABCDE*。点 *F* 为对角线 *AC* 的中点，点 *M* 位于 *AB* 上，且 *AM*=*AF*。沿 *AC* 和 *FM* 剪开五边形（得 △*AFM* 和四边

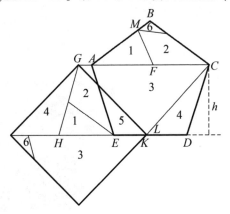

图 FE.2　五边形和正方形

形 *FMBC*），将这两块移动到 *GHEA* 位置。此时，*GHDC* 为平行四边形。接下来，我们求出平行四边形面积（底边 *HD* 乘以高度 *h*），再开方即得拼接后正方形的边长。以 *C* 为圆心，正方形边长为半径画圆，交 *DE* 于点 *K*。连接 *CK*。过点 *G* 作 *GL* 垂直于 *CK*，交 *CK* 于 *L*。剩下的部分就简单了，请见五边形和正方形中对应图形的编号。

接下来，杜德尼又写道：

在读者来信中，有一个答案同样把五边形分为五块，但却是基于"五边形对角线的一半+边长的一半=拼接后正方形的边长"。这是错的，但误差非常小，足以骗过众人的眼睛，而且要证明它不精确也颇费功夫。我不知道在这之前，有没有人注意到这个有趣的谬误。

还有一位读者的答案中，拼接后的正方形边长等于原始五边形边长的 5/4。而实际上，两者的比例应为一个无理数。我做了些许计算。假设原本的五边形边长为 1（1 英寸，1 英尺，或者任何单位都可以），那么面积相等的正方形的边长约为 1.3117，或者说近似于 $1\frac{3}{10}$。所以，这道题只能用几何方法求解[2]。

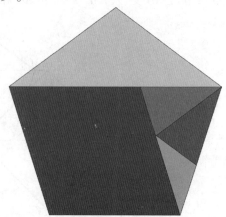

● 多少个三角形

图中共有 35 个不重复的三角形[3]。

● "五巧板"

见图 FE.3。

图 FE.3　未被打乱的"五巧板"

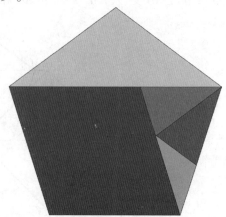

● 五圆问题

$OA=(1+\sqrt{5})/2=\phi$（黄金分割比），此即为这 5 个圆盘能覆盖的最大圆形区域的半径 r。解题方法见图 FE.4。

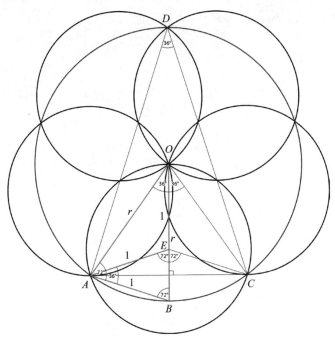

图 FE.4　五圆问题

注释:

1. H. E. Dudeney, *Amusements in Mathe matics*, pp. 172–173.

2. 这道题被做成了动画形式,参见:"Regular Pentagon to a Square Dissection" by Steve Phelps at https:// www. geogebra. org/m/w9pXCM8E.

3. *The Moscow Puzzles*, (侧栏3,注3), p. 186.